Rudolph Ludwig

Fossile Crocodiliden aus der Tertia?rformation des Mainzer Beckens

Rudolph Ludwig

Fossile Crocodiliden aus der Tertia?rformation des Mainzer Beckens

ISBN/EAN: 9783741168543

Hergestellt in Europa, USA, Kanada, Australien, Japan

Cover: Foto ©Andreas Hilbeck / pixelio.de

Manufactured and distributed by brebook publishing software
(www.brebook.com)

Rudolph Ludwig

Fossile Crocodiliden aus der Tertia?rformation des Mainzer Beckens

Fossile Crocodiliden

aus der

Tertiärformation des Mainzer Beckens

Rudolph Ludwig.

Mit 16 Doppeltafeln Abbildungen.

CASSEL.

Verlag von Theodor Fischer.

1877.

Fossile Crocodiliden

aus der

Tertiärformation des Mainzer Beckens

von

Rudolph Ludwig.

Mit 16 Doppeltafeln Abbildungen.

Fossile Crocodiliden

aus der

Tertiärformation des Mainzer Beckens

von

Rudolph Ludwig.

Mit 10 Doppeltafeln Abbildungen.

Herrn

Charles Darwin

in hochachtungsvoller Ergebenheit

gewidmet

von dem Verfasser.

Fossile Crocodiliden aus der Tertiärformation des Mainzer Beckens.

Rudolph Ludwig

zu Darmstadt.

In den meerischen Ablagerungen des Mainzer Tertiärbeckens, welchen zur oligocänen Stufe der Tertiär-Formation gehört, sind von Flonheim und Alzey Zähne von Crocodiliden bekannt, welche sich auch nebst Hautschuppen in den Cyrenenmergeln und Meeresthonen bei Niederförsheim, noch häufiger aber neben andern Saurier-Theilen in den Süsswasserbildungen, den Litorinellenschichten von Mombach und Weisenau bei Mainz gefunden haben. Hermann v. Meyer erwähnte der aus mancherlei Bruchstücken von Köpfen und Gliedern, von Zähnen und Hautknochen bestehenden Funde von Weisenau in dem neuen Jahrbuche für Mineralogie, Geognosie, Geologie und Petrefactenkunde von Leonhard und Bronn 1843, erkannte deren Verwandtschaft mit Alligatoren, glaubte aber nach den Grössenverhältnissen der Reste, vier Arten unterscheiden zu müssen, nämlich: als grösste Art Crocodilus Brauchi, als kleinere Crocodilus Rahti, als noch kleinere Crocodilus medius und endlich als kleinste Crocodilus Brauniorum. Ich sehe diese vier als Altersstufen ein und derselben Art an, wie ich unten weiter ausführen werde, und lege denselben den Namen Alligator Darwini bei.

Auf der rechten Seite des Rheines waren ausser den bei Dansenheim, Sachsenhausen und Offenbach zu Tage liegenden marinen und brackischen Oligocän-Ablagerungen des Mainzer Beckens und ausser den unbauwürdigen Braunkohlenlagern von Ofenthal-Langen nur noch die Cerithien-Kalke von Kalkofen bei Arheilgen und die Sandsteine mit Lamna cuspidata Agz., Zygobates sp., Cytherea splendida Merian, Cytherea incrassata Sowerby u. a., welche den marinen Sanden von Geisenheim, Flörsheim u. s. w. entsprechen und die Höhe der Starkenburg bei Heppenheim krönen, bekannt. Dann kamen vor einigen Jahren die bei einer Senkbrunnen-Anlage auf den Ziegeleien Carlshof bei Darmstadt entdeckten Cerithien-Schichten mit Cerithium plicatum Lamk., Dreissenia Brardi Brongt., Mytilus Faujasi Brongt., Melanopsis praerosa Lin., Neritium fluviatilis fuss. Lin., Planorbis solidus Thomae, Litorinella obtusa Sandbgr., Litorinella acuta Bronn und neuerdings die von Herrn Doctor Eberts unter den quartären Sand- und Raseneisenstein-Lagern aufgeschürften Braunkohlen von Messel bei Darmstadt.

Die Braunkohlen, mehr ein stark bituminöser von Braunkohlenmulm begleiteter brennbarer Letten, welcher sich etwa 10 Meter mächtig über eine Fläche von 48 Hectaren auf dem Syenit und dem liegenden der Dyas verbreitet, ward von Herrn Eberts an einer Stelle durch einen 1400 ☐! ꝛ umfassenden Abraum blosgelegt und hier ist in den abgetragenen obern 2 Metern, die Fundstätte von den später zu beschreibenden Crocodiliden Alligator Darwini und Crocodilus Ebertsi, als auch von mehreren Arten Fischen und zahlreichen Coprolithen mit Resten von Lurchen.

Das Kohlenlager entstand ohne Zweifel in einem mit einem Flusse zusammenhängenden Süsswasser-bassin, etwa einem todten Flussarme, während einer langen Zeitperiode. Bevölkert war diese Lache von Fischen und Crocodiliden, welche im Laufe der Zeiten die Leichen vieler Generationen in dem torfartigen Bodenniederschlag niederlegten, so dass auf jenem wenig ausgedehnten, durch den Tagebau entblösten Theile, die Scelet-Theile von acht Crocodiliden aufgefunden wurden und wahrscheinlich noch viele Hundert in dem unaufgedeckten Theile ruhen.

Die Wirbelthierreste liegen in gelben oder durch Pyritisirung dunkel gefärbten, weniger bituminösen Letten eingebettet, so dass jedes Thier für sich einen grossen Kuchen bildet. Die Knochen und alle ihre inneren Höhlungen sind von Pyrit umgeben oder mit einem Gemenge dieses Schwefelmetalls und einer schwarzen Mumienmasse erfüllt, so dass es oft unmöglich wird, sie von der dichten und festen Hülle zu befreien. Die Köpfe der Thiere sind durch die Pyrithülle, welche in deren Höhlungen Stalaktiten bildet, so sehr zerstört, dass sie nur in Bruchstücken herausgearbeitet werden können, oder sie kamen schon zerbrochen, verschoben in den Torfschlamm, wie denn auch zerbrochene Knochen des Rumpfes, der Extremitäten und die aufgefundenen Coprolithen bezeugen, dass die Crocodiliden sich gegenseitig getödtet und verzehrt haben.

Keins der acht Crocodilscelete war ganz vollständig; beim Herauspräpariren aus der Schwefelkieshülle zerbrachen noch viele Theile, dennoch konnten fast alle Wirbel, Rippen, Röhrenknochen der Extremitäten, Hand- und Fussknochen, Schulter- und Beckengürtel sowie alle Theile der Köpfe, wenn auch von Thieren verschiedenen Alters und verschiedener Grösse erlangt und abgebildet werden. Im Magen fanden sich immer Quarz- und Syenitstücke, wodurch dessen Lage bezeichnet wurde. Die Hautknochen fanden sich stets in der Nähe der Körpertheile, welche sie im Leben bedeckt hatten, so dass die Anordnung und Vertheilung derselben im Panzer des Thieres festzustellen war. Es war dadurch möglich, mit einiger Sicherheit die Gestalt der Scelete und der äusseren Erscheinung der Thiere zu entwerfen.

Die in den Litorinellenschichten von Mombach und Weisenau vorkommenden Crocodilreste bestehen nur aus Fragmenten, welche offenbar schon im zerbrochenen Zustande an ihren Fundort gelangt sind. In den Poren der zerbrochenen Wirbel und Knochen stecken die Schalen der Brut von Litorinellen acuta, welche sich auch in den Gefässröhren und Alveolen der Zahnladen eingebürgert haben, jene Knochen stammten also von getödteten zerbissenen Thieren ab, deren Bruchstücke wohl durch Flussströmung in die Uferzümpfe, worin die Litorinellen lebten, hereingetragen worden waren. In einigen dieser Knochenfragmente haben sich die Poren mit Vivianit gefüllt.

Die Braunkohlenlager von Gunterahain im Westerwalde lieferten einige Reste von Alligator Darwini, welche wie die in jenen Tertiärgebilden vorkommenden Pflanzenreste und Landschnecken als Belege für das oligozäne Alter dieser Ablagerungen gelten können. Die Pflanzen stimmen mit dem von Salzhausen und Münzenberg in der Wetterau vollkommen überein.

Die bei Messel aufgefundenen Crocodiliden konnten ihrer Art nach leicht an den Zähnen erkannt werden, indem Alligator Darwini mit sehr glatten, dunkelbraunen, grünlich geringelten, dagegen Crocodilus Ebertsi mit langgefalteten Zähnen ausgestattet sind. Selbst die unter den ausgewachsenen liegenden Zahnkeime zeigen schon diese Eigenthümlichkeiten. Durch dieses kleine Merkmal gelingt es möglich die zu den verschiedenen Arten gehörigen Scelet-Theile von einander getrennt zu halten, wenn nur ein Stück einer Zahnlade dabei lag. —

Dem Herrn Professor Dr. Zittel zu München, welcher mich durch freundliches Entgegenkommen, und den Herren Conservatoren Nicolaus zu Mainz und Römer zu Wiesbaden, die meine Untersuchungen durch Zugänglichmachung der unter ihrer Aufsicht befindlichen fossilen Reste wesentlich förderten, sage ich wiederholt meinen Dank.

Von der über fossile Crocodiliden der Tertiärformation vorhandenen Literatur waren mir folgende Abhandlungen zugänglich:

1821. Georg Cuvier, Recherches sur les ossemens fossiles. Paris 1821. 24. 2. édit.

1843. Dr. Herm. v. Meyer, Summarischer Ueberblick der fossilen Wirbelthiere des Mainzer Tertiärbeckens, mit besonderer Rücksicht auf Weisenau. Neues Jahrbuch für Mineralogie, Geognosie, Geologie und Petrefactenkunde, von v. Leonhard und Bronn, 1843.

1846. Neues Jahrbuch für Mineralogie etc., von v. Leonhard und Bronn. Ueber Enneodon Ungeri Prangers, in der Steyermärkischen Zeitschrift von 1845 und berichtigende Notiz darüber, von Fitzinger in demselben Jahrgange des neuen Jahrbuchs, wodurch das neue Genus eingezogen und unter die Crocodile verwiesen wird.

1856. Dr. Herm. v. Meyer, Crocodilus Baileomensis in Palaeont., von Dunker and v. Meyer, Band IV.

1858. R. Owen, Monograph on the fossil reptilia of the London Clay and of the Bracklesham and other tertiari beds. Palaeontographical Society. London 1849—1858, Part II.

1862. Dr. med. Carl Bernhard Brühl, das Scelet der Krokodilinen, dargestellt in zwanzig Tafeln, Fol. (Icones ad Zootomiam Illustratam) Wien.

1865. — — Laquea Ovuni und Laquea tympanicus Petrosi, ein Nachtrag zu das Scelet der Krokodilinen.

1866. Dr. Alexander Strauch, Synopsis der gegenwärtig lebenden Crocodiliden etc. in Mémoires de l'Académie impériale des Sciences de St. Petersbourg. VII. Serie, Tom. X. No. 13.

1872. Dr. Leon Vaillant, Étude géologique sur les Crocodiliens fossiles tertiaires de St. Gérand le Puy. M. Hébert & Alphons Milne-Edwards, Annales des Sciences géologiques. Paris 1872, Vol. III.

Ausserdem konnte ich zur Vergleichung benützen die Scelete und Bälge von Crocodiliden, welche in der reichen Sammlung des Senckenbergischen Vereins zu Frankfurt am Main aufbewahrt werden; namentlich:

das Scelet von Crocodilus vulgaris Cuvier,

| " | " | " | biporcatus Cuvier, |
| " | " | Alligator lucius Cuvier, |

den Balg von Crocodilus vulgaris Cuvier,

"	"	"	"	suchus	"
"	"	"	Alligator sclerops	"
"	"	"	"	rhombifer	"
"	"	"	"	fissipes	"
"	"	"	"	lucius	"

Familie Crocodilida.

I. Gattung Alligator Cuvier.

Zähne ungleich, in jeder Zahnlade wenigstens 18, der erste und vierte des Unterkiefers verbirgt sich in entsprechenden Gruben des Oberkiefers.

Alligator Darwini Ludwig.

Kurze, schmale, parabolische, runzliche Schnauze; Nasenlöcher zu einer grossen Oeffnung verschmolzen, nach dem Munde geöffnet. Die Nasenröhren hinten im Gaumen in Choanen endigend. Die Zähne glatt, conisch, breit gedrückt, beiderseits scharfrandig; meist dunkelfarbig und hellfarbig geringelt, Zahnwurzeln weiss, hohl, unten mit einer seitlichen Oeffnung zum Eintritte des jungen Zahns aus der neben der Alveolo gelegenen Nische. Zähne oben 21, unten 20 auf jeder Seite. Das Nackabschild aus zwei schmalen in der Mitte verwachsenen Hautknochen gebildet, das von ihm und dem Rückenschilde getrennt liegende ovale Cervicalschild aus fünf Hautknochen zusammengesetzt. Am Halse bilden ausserdem nur unbestimmt eckige, grössere und kleinere Hautknochen eine Mosaik. Der Rückenschild wird aus vier Reihen oblonger Hautknochen zusammengesetzt, welche nach hinten über die folgenden übergreifen: der Bauch ist gänzlich bedeckt von Knochenplatten, von denen die vordere schmal mit einem glatten Theile, über welchen die vorhergehende breitere Platte übergreift, die hintere dreimal so breit mit der schmalen durch eine Naht verbunden ist. Diese biegsamen und ausdehnbaren Panzer schliessen beiderseits ohne Vermittlung vieleckiger Platten an den Rückenschild an. Die Extremitäten werden bis auf die Fusszehen aussen von gekielten viereckigen, innen von vieleckigen Plattenpanzern bekleidet, die Bepanzerung des Schwanzes ist aus schmalen langen Knochenplatten gebildet.

Oberarm und Oberschenkel nur wenig gekrümmt, vorn fünf, hinten vier Zehe: erster Schwanzwirbel an beiden Enden concav.

Länge des Thieres ca. 2,2 Meter.

Durch die Einrichtung des Gebisses nähert sich dieser Crocodilide den Alligatoren, von denen er sich jedoch durch die Einrichtung des Nuchal- und des Cervicalschildes wesentlich unterscheidet, indem bei allen bekannten lebenden Alligatoren das Cervicalschild unmittelbar an das Rückenschild anschliesst. Das von Vaillant beschriebene Diplocynodon gracile von St. Gérand le Puy hatte ganz ähnliche Hautknochen im Cervicalschilde. Die Schildform stimmt fast mit der des Crocodilus vulgaris Cuvier überein.

Der Kopf

Tafel 1. Fig. 1, grösster Theil des rechten Oberkiefers nebst Jochbein und Gelenk.
„ „ „ 2, dazu gehöriger rechter Unterkiefer, Zahnbein und Winkelbein.
„ „ „ 13 und 14, Zähne.
„ II. „ 4, Flügelbeine, Nasenröhre.
„ „ „ 5, rechtes Zahnbein, Bruchstück der Maxillaris von unten, 5a deren Bau im Innern.
„ „ „ 6, rechter Unterkieferast von Innen, 6a von oben.

Tafel II. Fig. 7. Bruchstück vom Schläfbein, von Weimann (nach Hermann v. Meyer dem Crocodilus medius zugehörig).

„ „ „ 14. linkes Unterkiefer-bruchstück eines jungen Thieres, von Weimann.

„ III. „ 7. die Hirnschale von innen.

„ IV. „ 10. Parietalplatte von aussen (dasselbe Stück wie Taf. III. Fig. 7).

„ „ „ 14. die Schnauze eines jüngeren Thieres von der Seite.

„ „ „ 15. dieselbe, hauptsächlich die Nase von oben, 15 a Querschnitt, 15 b Längsschnitt des Nasenloches.

„ „ „ 16. Winkelbein des rechten Unterkieferastes von aussen, a von oben, b von innen.

„ „ „ 17. dazu gehöriger Gelenkkopf des Oberkiefers, a derselbe von hinten.

Tafel V. Fig. 1 bis 5. Theile des Kopfes von Crocodilus Rathi, H. v. Meyer,

„ „ „ 6 „ 13. „ „ „ „ „ medius, H. v. Meyer,

„ „ „ 14 „ 17. „ „ „ „ „ Bruchi H. v. Meyer,

„ „ „ 18 „ 19. „ „ „ „ „ Brauniorum, H. v. Meyer, welche sämmtlich nur verschiedenen Altersstufen des Alligator Darwini angehören.

Tafel V. Fig. 20. Bruchstück aus dem vordern Theile eines rechten Unterkiefers von einem ausgewachsenen Thiere (Weimann).

„ „ „ 21. Fragment des rechten Jochbeins, Oberkiefers und Querbeins von innen, a von aussen, b von der Seite (Messel).

„ „ „ 22. dreimalige Vergrösserung eines Stückes der Zahnalveole aus dem Oberkiefer.

„ „ „ 23. zweimalige Vergrösserung der Alveolen des 6. und 7. Zahnes aus dem Unterkiefer.

Synonyme: Crocodilus Brauniorum H. v. Meyer, Neues Jahrbuch für Mineralogie etc. 1843,

	Rathi	idem	daselbst,
„	medius	idem	daselbst,
„	Bruchi	idem	daselbst.

Bei Messel fanden sich die Köpfe des Alligator Darwini nur in Druckstücken oder zerbrochen und verschoben und dergestalt in dicke Krusten von Pyrit eingehüllt vor, dass keiner die Urtheil aber deren allgemeine Gestalt enthielt.

Das auf Taf. I. Fig. 1 abgebildete Stück des Schädels (Zwischenkiefer, Oberkiefer, Jochbein, Schuppenbein, Paukenbein) misst vom Gelenkkopfe bis zur Schnauzenspitze 29,5 Centimeter. Bei Messel ward bislang kein grösserer Kopf aufgefunden, dabei lagen der Unterkiefer (Fig. 2), Theile der Nasenröhre, des Flügel- und Querbeins und Hautknochen vom Cervicalschilde. Das Unterkieferstück (Taf. V. Fig. 20), in dessen Alveolen die grössten bei Weimann aufgefundenen Zähne passen, möchte auf einen Kopf hindeuten, dessen Länge sich nach der Länge und Dicke der gleichnamigen Zähne auf 36,6 Centimeter berechnet. (Die Breite des grössten Zahnes von dem Messeler Stücke verhält sich zu der den grössten Weimanner == 7 : 9; die Länge der Zahnkronen = 1,7 : 2,2; daraus würde sich ergeben 7 : 9 == 17 : 22 == 28,5 : 36.6.)

Alle Kopfknochen sind aussen von zahlreichen mehr oder weniger tiefen Gruben bedeckt.

Die Schnauze war wie die von einem jungen Thiere (Taf. IV. Fig. 14 u. 15) vermuthen lässt, schmal und flach, vorn abgerundet, um das grosse Nasenloch etwas aufgetrieben, dahinter ein wenig zusammengezogen und alsdann allmählich breiter und höher werdend.

Die Augen standen niedrig, das Hinterhaupt war nicht steil ansteigend, die Parietalplatte (Taf. IV. Fig. 10) ist eben, das Hauptstirnbein (Taf. V. Fig. 3. 10. 16 von Thieren verschiedenen Alters) zwischen den Augen schmal und eingedrückt.

Die Schnauze besteht oben aus den beiden Theilen des Zwischenkiefers, den Zahnladen, den Nasenbeinen, unten aus den beiden vorn durch eine breite Symphyse verbundenen Zahnladen des Unterkiefers (Taf. IV, Fig. 11 u. 15). Der Zwischenkiefer bildet um das Nasenloch eine rundliche flache Erhöhung, in welche das Nasenbein spitz einschneidet. Da, wo der vierte Unterkieferzahn sich in einer Grube des Oberkiefers zwischen Intermaxillaris und Maxillaris verbirgt, sieht sich die Schnauzenspitze nur wenig zusammen, erweitert sich alsdann zu einer bis zum 9. Oberkieferzahne reichenden Aufhäufung, welche darauf wieder etwas abnehmend sich an den Hinterkopf anschliesst.

Das Nasenloch ist eine conische Grube, in welche hinten zwei vor dem Nasenbein liegende Knochenspitzen hereinreichen und ohne knöcherne Scheidewand. Es öffnet sich mit einem runden Loche in die Mundhöhle. Unter den beiden Knochenspitzen beginnt eine doppelte knöcherne Scheidewand, welche die Nasenhöhlung in zwei bis an den Gaumen und die Choanen reichende Röhren trennt. Fig. 15 a, das Nasenloch im Querschnitte, zeigt bei a dessen Oeffnung in den Mund, bei γ γ die beiden durch die Scheidewand getrennten Röhren, bei δ δ aus diesen Röhren in das Siebbein, — das Innere der Maxillaris — eindringende Oeffnungen.

In Fig. 15 b, dem Längendurchschnitt der Nase, bezeichnen a und γ dieselben Oeffnungen wie vorher, β eine solche für eine nach dem Siebbein gehende Gefässöffnung. Wenn die oberen Knochendecken der Intermaxillaris und Maxillaris abgebohrt werden, stellt sich die Fig. 15 c im Grundrisse dar; a das Nasenloch, β der Gefässcanal aus dem Nasenloche in eine Kammer ε, die mit einem, den Oberkiefer der Länge nach durchbohrenden Canale ε' in Verbindung steht. Aus der Kammer ε finden zwei Durchbrechungen ζ und θ nach der Grube statt, die zur Aufnahme der Spitze des vierten Unterkieferzahnes bestimmt ist. Mit γ ist die eine Nasenröhre bezeichnet, δ der in das Siebbein führende Canal derselben. Aus einer Höhlung des letztern geht am Boden der Gefässcanal ζ ab, welcher zwei Aeste nach den Zahnalveolen ζζ sendet.

Auf Taf. V sind in den Fig. 2, 3 und 3 a mehrere bei Weisenau aufgefundene Stücke des Zwischenkiefers mit dem Rande des Nasenlochs abgebildet, welche Herm. v. Meyer, die Grössenverhältnisse als maassgebend betrachtend, handschriftlich der von ihm aufgestellten Species Crocodilus Rathi zuschrieb. Sie stammen aber wohl von einem jüngern Individuum der Species Alligator Darwini ab. Das mit der Maxillaris innig verbundene Siebbein, eigentlich nur das Innere der erstern, wird aus einer untereinander im Zusammenhange stehenden Reihe von dünnwandigen Kammern gebildet, zu denen der Canal δ aus dem Nasenloche führt. Dieses Siebbein habe ich auf Taf. II in der Fig. 5 a mit seinen Kammern abgebildet; Fig. 5 gibt diesen Knochenstück in der untern Ansicht vom Innern des Mundes aus. In beiden Figuren bedeuten a die Naht am Zwischenkiefer, β eine Zahnalveole, γ die Naht am Gaumenbein.

Durch die Fig. 4 auf Taf. II wird der Verlauf der Nasenröhren zur Anschauung gebracht. In diesem Reste sind Kammern des Siebbeins (a) und deren Zusammenhang mit den beiden im Gaumenbein (β) liegenden Nasenröhren (γ) ersichtlich. Im Boden der beiden durch eine doppelte aus dem Siebbein kommende Scheidewand getrennten Röhren befinden sich sieben flache ovale Gruben, von denen die grösste am Beginne des durch eine tief ausgezackte Sutur mit der Maxillaris verbundenen Gaumenbeins liegt, wo sich dieses aus einer breiten Auslöhnung an den Nasenröhren zusammenzieht. Am hintern Ende dieser Röhren gehen die Choanen als eine in die Rachenhöhle mündende Oeffnung ab.

Die knöchernen Lippen des aussen vielgrubigen Oberkiefers sind beiderseits am Rande von deren flacher Wölbung rechtwinklich umgebogen. Im Oberkiefer sitzen in den durch knöcherne Scheidewände getrennten Alveolen die glatten Zähne in folgender Ordnung.

Vorn neben der die beiden Zwischenkieferhälften verbindenden Naht stehen auf jeder Seite zwei kleine sich über dem Unterkiefer hinweg legende Zähne. Zwischen diesen, etwas nach hinten gerückt, befindet sich eine tiefe Grube zur Aufnahme des ersten grossen Unterkieferzahnes, welche indessen nur bis zu der äusseren dünnen Rinde des Zwischenkiefers reicht, so dass sie erst wie in Fig. 15, Taf. IV nach deren Entfernung vor dem Nasenloche bei *a* sichtbar wird. Die Oeffnung *ß* deckt den Boden der Alveole des zweiten kleinen Zahnes auf, in welcher der Zahnkeim als ein Hohlkegelchen sich darstellt, während man in dem Loche *a* die Spitze des grossen Unterkieferzahnes erkennt.

Diesen beiden folgen alsdann zwei grössere aber den Unterkiefer gelegte Zähne, von denen der erste in Fig. 14, Taf. IV ausgefallen ist. Darauf ein sehr kleiner Zahn, alsdann die Grube für den vierten grossen Unterkieferzahn in der Naht zwischen Intermaxillaris und Maxillaris. In der Maxillaris folgen darauf 3 kleine Zähne, 2 lange, sich in eine Nische des Unterkiefers anlegende, dann 8 mittellange, breite endlich 3 kleine Zähne. Die 8 letzten der mittellangen Zähne passen in Gruben, welche vor den Zähnen des Unterkiefers vertieft sind, hinter dem 10. bis 18. Zahne des Oberkiefers befinden sich eben solche Gruben für die entsprechenden Unterkieferzähne (Taf. I, Fig. 2, Taf. V, Fig. 15 und 15 a für die Unterkiefer und Taf. V, Fig. 4, 7 und 7 a für die Oberkiefer).

Die Zähne im Oberkiefer stellen sich mithin in folgender Reihe dar:

2 kurze + 2 lange + 1 kürzer + 3 kurze + 2 lange + 8 mittellange + 3 kurze = 21.

Zu jeder Zahnalveole führt von aussen ein in einer kleinen Vertiefung beginnender Gefässcanal; auch im Innern des Mundes hat jeder Zahn einen die Zahnlade durchbohrenden Canal. Der Oberkiefer wird seiner ganzen Länge nach von zwei Canälen durchzogen, von welchen der eine oberhalb der Zahnalveolen, der andere nach innen hin neben denselben angeordnet ist. Diese beiden Canäle sind unter einander und mit den Alveolen durch zahlreich dünnere Gefässgänge verbunden (Taf. V, Fig. 4, 7, 11 b u. 11 c.). In Fig. 7 ist die Zahnlade von innen aufgebrochen, die Canäle sind durch Pfeile bezeichnet; in 11 b findet eine ähnliche Bezeichnung statt; in 11 c stellt sich der obere Canal als innerer aufwärts liegender im Querschnitte dar, in ihn mündet ein Gefässgang *a*, bei *ß* finden wir die Naht zwischen Maxillaris und Intermaxillaris. Auf Taf. II habe ich Fragmente des Kopfes von Crocodilus Ehertii abgebildet, an denen der Verlauf dieser Gefässgänge sehr deutlich hervortritt. Bei Fig. 3 führt der Gang *a* sich nach vorn verengend nach *a'* und *a''*, derselbe ist in Fig. 3 oberhalb der Zahngrube liegend im Querschnitte sichtbar und sendet noch aussen einen engen Canal senkrecht herab, welcher in den horizontalen *y* mündet. Der Gefässgang *ß*, senkrecht an dem Munde aufsteigend, vereinigt sich mit dem innern horizontalen, die Zahnreihe begleitenden *d*. Von *y* und *d* aus treten viele engere Röhre nach der Alveole, sich an deren innerer Fläche zu zahlreichen dünnsten Haarröhrchen verästelnd und dadurch der innersten Knochenschicht eine helle Färbung ertheilend.

In der Fig. 22 auf Taf. V habe ich ein Stück der innern Alveolenwand eines Oberkieferzahnes dreimal vergrössert dargestellt. Die zuweilen unter sich verschlungenen dicken Röhrchen waren wohl von Blutgefässen erfüllt, während die punktkleinen in deren Wänden austretenden für das Nervensystem geöffnet waren.

Der Unterkiefer vorn am niedrigsten aber am breitesten wird aus zwei durch eine breite starke Naht verbundenen Aesten zusammengesetzt. Die Zahnladen der Kieferäste bleiben bis hinter den vierten Zahn breiter, verschmälern sich darauf, nehmen aber gleichzeitig an Höhe zu und verbinden sich an dem grossen eiförmigen Loche mit den obern und untern Winkelbeinen, woran die Gelenkpfanne für den Oberkopf sitzt. Innen wird die den Unterkiefer der ganzen Länge nach durchlaufende, weite Gefässhöhle durch eine dünne Knochenplatte (das Deckelbein) geschlossen. Diese Höhlen kommen in Fig. 6, Taf. II nur zum Theile bei einem frechen Unterkieferaste von Alligator Darwini zur Anschauung, nachdem das sie nach innen schliessende, vorn spitze, schmale, nach hinten sich mehr und mehr verbreiternde, dünne Deckelbein, welches sich unten und oben durch gezeckelte Nähte an die Kinnlade anschliesst, entfernt worden ist. Die Höhlung *a* verlängert sich nach hinten bis an die Gelenkpfanne, beginnt hoch und schmal und ist sowohl nach aussen durch das zwischen den Winkelbeinen und dem Zahnbein befindliche ovale Loch, als auch nach innen durch ein in dem Deckelbeine ausgespartes Loch geöffnet. Diese Höhle verengert sich, indem sie sich erniedrigt und spaltet sich unter dem 12. oder 13. Zahne in zwei Theile, von denen der eine α sich bis in die Symphyse an der Spitze des Unterkiefers bis α' fortsetzt, während der andere β sich etwas hebt und nach vorn enger und enger werdend sich in der ersten Zahnalveole des Unterkiefers verliert.

Ein dritter Längscanal beginnt in einer Höhlung des Zahnbeins des Unterkiefers und läuft neben den Zahnalveolen bis in die Spitze fort; es ist das Gefässrohr γ (Fig. 6), welches auch in der Fig. 2, Taf. II in dem Schädelfragment von Crocodilus Ebertsi bei γ mit seinem Anfangspunkte dargestellt ist. Die vergrösserten Zeichnungen von Fig. 2, Taf. I, die Figuren 9 und 10, zeigen dieses Canalsystem im Querschnitte, Fig. 9 innerhalb der grossen Zähne 3 und 4, Fig. 10 in der Gegend des 10. Zahnes. Die einzelnen Rohre sind mit demselben Buchstaben bezeichnet: α das Hauptrohr, β die Abzweigung aus demselben, γ das auf das Zahnbein beschränkte engere Rohr. In letzterem münden die jeden Zahn begleitenden, senkrechten Gefässrohre γ', in das β die auf der Aussenfläche jeden Zahn begleitenden senkrechten β' und β''. Alle gehen zahlreiche Gänge nach den Alveolen hin ab. Wie die Fig. 8, Taf. I, ein Längendurchschnitt einer Zahnlade, deutlich macht, durchbrechen die von der Gefässröhre γ in die Alveolen mündenden Röhrchen auch die knöchernen Scheidewände der Alveolen. In den Figuren 9 und 10 ist auch die, die grosse Gefässhöhle α nach innen verschliessende Deckplatte, das Deckelbein λ, aufgenommen. Sämmtliche Alveolen des Unterkiefers sowohl, als auch die des Oberkiefers, haben ihrem Boden zunächst, wie Figg. 9 und 10 und die Fig. 23, Taf. V, letztern im Längenschnitte darstellen, eine kleine Nische, worin der Zahnkeim erzeugt wird. In die Spitzen dieser Nischen tritt die Gefässröhre γ herein. Die innern Wände der Alveolen werden von zahlreichen Haarröhrchen für Diätgefässe und Nerven durchbohrt (Fig. 23, Taf. V, zweimalige Vergrösserung von 2 Alveolen der 6. und 7. Unterkieferzahne). Die Knochen der Unterkiefern besitzen eine dem Fischbeine ähnliche Faserstructur, wodurch sie eine grosse Widerstandsfähigkeit gewinnen.

Aussen sind die Unterkieferäste nur mit verhältnissmässig wenigen länglichen Gruben versehen, die nach hinten an den Winkelbeinen durch dichtgedrängte rundliche ersetzt werden (Taf. I, Fig. 2, Taf. V, Fig. 1 a, 6 a, 11 a, 15, 18 a). Diese Gruben sind umgeben von feinen länglichen Oeffnungen. Crocodilus Ebertsi hat mehr rundliche grössere Gruben und punktförmige kleine Oeffnungen (vergl. Taf. V, Fig. 24).

In den Unterkieferästen stehen, wie die Fig. 2 auf Taf. I und die Figuren 6 und 6 a auf Taf. II nachweisen, folgende Zähne: Vorn an der Spitze neben der Symphyse ein grosser Zahn, welcher in die tiefe Grube des Intermaxillaris hereinragt. Alsdann ein kleiner Zahn und dicht zusammen zwei grosse, die in eine tiefe Grube des Oberkiefers passen. Die zwischen diesen beiden Zähnen befindliche Scheidewand erreicht nicht ganz den obern Rand der Alveolen, sie ist sehr dünn (Taf. V, Fig. 1 b, 6 h, 8 b, 18 b, Taf. III, Fig. 15 a, b, c, d Unterkieferstücke von Alligator Darwini in verschiedenen Altersanständen, welche Herrn. v. Meyer als verschiedene Arten ansah). Es folgen darauf 6 kleine Zähne, welche von vorn nach hinten immer grösser werdend, sich den vier mittelgrossen anschliessen, nach welchen endlich noch 6 kleinere folgen. Vor den letzten 5 Zähnen liegen die Gruben für die Zähne des Oberkiefers, so dass die Zähne der obern Zahnlade nach aussen, die der untern nach innen gerichtet erscheinen. In den untern Zahnladen stehen jederseits die Zähne in folgender Ordnung:

1 langer + 1 kurzer + 2 lange + 6 kurze + 4 mittellange + 6 kurze, zusammen 20 Zähne.

Das ganze Gebiss gestaltet sich also in folgender Weise:

Oberkiefer 1 kurzer + 1 kurzer + 2 lange + 1 kurzer + 3 kurze + 2 lange + 8 mittellange + 3 kurze = 21.
Unterkiefer   1 langer + 1 kurzer + 2 lange + 6 kurze + 4 mittellange + 6 kurze   = 20.
Die Zähne sind aus Wurzel und Krone zusammengesetzt.

Die Wurzeln sind hohle unregelmässig cylindrische Körper, meist auf der Innenseite etwas abgeplattet und daselbst an der Basis stets mit einer spitzbogenförmigen Oeffnung versehen, welche der Nische in der Alveole entsprechend dazu bestimmt ist, dem Zahnkeim aus der letzteren in die innere Höhlung der Wurzel einen Weg zu eröffnen. Die aus einer dichten weissen Knochenmasse gebildeten Wurzeln erreichen bei langen Zähnen die Länge der Zahnkronen, bei kurzen werden sie 1½ bis 1½ mal länger als diese. Ihre Wände nehmen nach oben an Dicke zu und bestehen aus vielen dünnen concentrischen Lamellen.

Die Zahnkronen besitzen meistens eine dunklere braune oder grünliche Färbung mit hellern grünlichen bis gelben, schmälern oder breitern Bändern umgeben, oder sie besitzen zimmetbraune grünlichgelbe Farbe mit noch hellern Farbenbändern, welche zuweilen gereifelt erscheinen, während die übrige Zahnfläche glänzend glatt nur secundäre unregelmässige Längsrisse in der Glasur enthält. — Ihre Gestalt ist die eines breitgedrückten, an der Spitze etwas nach innen gebogenen Kegels mit scharfen Kanten an beiden Seiten. Die kleinern Zähne sind breit und kurz, fast herzförmig, oder schmal und spitz, fast pfriemförmig (Fig. 13 a bis f und Fig. 14 a bis n. Taf. I). Die Kronen

der grossen Zähne   sind 1,5 bis 2,2 Centimeter lang, 0,6 bis 1,0 Centimeter breit,
die der mittelgrossen   „   0,5 „ 1,3   „   „   0,3 „ 1,0   „   „
die der kleinen   „   0,3 „ 0,6   „   „   0,2 „ 0,4   „   „

Die Zahnkronen sind ebenfalls hohl und bestehen aus vielen ineinander geschachtelten Hohlkegelchen (Fig. 13 a. Taf. I). Die Jungen in den ältern sterbenden Zähne haben keine Wurzeln, sind an ihrem untern Rande scharfkantig, während ihre Wände sich allmählich nach oben verdicken. (Vergl. Fig. 13 c', b, c, Fig. 14 und 14 a und den vergrösserten Querschnitt Fig. 13 f''). Die Zähne des Crocodilus Ebertzi Ludwig unterscheiden sich von den eben besprochenen durch ihre längsgestreifte Oberfläche. Auch die Zahnkeime und die Zahnwurzeln besitzen diese auffallende Streifung.

Der Hinterkopf des Alligator Darwini hat sich bei keinem der bisher aufgefundenen Exemplare unzerstört erhalten. Die Höhlungen waren von Pyrit erfüllt, die Knochen so mürbe, dass sie sich nicht von dieser festen Hülle befreien liessen.

Die Flügelbeine, welche die Basis des Hinterkopfes bilden, sind in Fig. 4, Taf. II von einem Fragmente dargestellt, welches auch noch die obern Zahnladen, die Nasenröhren und den rechten Unterkieferast zum Theil enthält. Die Gaumenlöcher sind lang und schmal. Die Nasenröhren auf dem Gaumenbein sich rund neigen sich hinten mit den Flügelbeinen nach unten. Bei 9 sitzen auf letztere beiderseits die vier weggebrochenen Querbeine, welche die Jochbeine und die Maxillaria zu tragen haben. Der rechte Unterkiefer ist hier als Bruchstück ζ vorhanden; s ist dessen innere Höhlung bedeckende Knochenplatte. Dieses Stück ist ganz von Pyrit durchdrungen, alle Höhlungen wurden von diesem Minerale erfüllt gefunden.

Von demselben Exemplare stammt die Parietalplatte, welche die Gehirnhöhle bedeckend auf Taf. III, Fig. 7 von innen und Taf. IV, Fig. 10 von aussen abgebildet wurde.

Die beiden Ohröffnungen αα (Fig. 7, Taf. III) sind von gedrückt ovaler Form. Ihr innerer Rand hängt mit der Hirnschale zusammen, welche hinten sich etwas nach unten neigend einen weiten Gehörgang (χ χ) zwischen sich und dem aus drei Stücken zusammengesetzten hintern Theil des Schädelbeines (β), sowie dem Zitzenbeine (γ) lässt. Der hintere Theil der Hirnschale (δδ) vereinigt sich dann am Rückenmarksloche mit dem Hinterhauptsbein. Nach vorn erweitert sich dieselbe und erreicht ihre grösste Breite da, wo sie von

2

der Naht zwischen dem Scheitelbein (dd) und dem Hauptstirnbeine (g) durchschnitten wird. Sie ist rundum von einer Naht eingefasst, wodurch sie mit einem flach muldenförmigen, sie nach unten schliessenden Knochen die Hirnhöhle bildet. In ihrer glatte innere Fläche sind von feinen im Halbkreise gestellten Punkten ausgehende, sich nach vorn spaltende Linien eingeritzt, deren jederseits 7 bis 8 gezählt werden; im hintern Theile derselben werden zwei leichte, gegeneinander über mehrere C förmige Vertiefungen sichtbar. — Unterhalb des Zitzenbeins (Mastoideums) sitzt, damit durch eine Naht verbunden, den untern Rand des Ohrlochs bildend, das hintere Stirnbein (e). — In Fig. 10, Taf. IV werden dieselben Buchstaben zur Bezeichnung derselben Stücke angewendet. Die Form der Parietalplatte ist eine fast rechteckige, die Winkel der Zitzenbeine nähern sich dem rechten, die drei hinteren Knochenstücke des Scheitelbeins bilden einen flachen Vorsprung. Der zwischen den Ohrlöchern bleibende Zwischenraum ist schmal, die gesammte Oberfläche mit vielen tiefen Gruben bedeckt. Die Zitzenbeine von Crocodilus Ebertal sind spitzwinklich, wodurch die Parietalplatte eine nach hinten ausgebuchtete Gestalt erlangt.

Das Hauptstirnbein, vor dem Scheitelbein zwischen den Augen liegend, ist in mehreren Bruchstücken von Messel in vier ziemlich gut erhaltenen Exemplaren und von Thieren verschiedenen Alters von Weisenau bekannt. Hermann v. Meyer glaubte sie als von verschiedenen Arten abstammend ansehen zu müssen; sie stimmen indessen in allen ihren Eigenschaften so sehr überein, dass sie als einer und derselben Art zugehörig erscheinen. Sie sind alle zwischen den Augen stark eingebogen, mit dicken Rändern an der Augenhöhle versehen, auch im Innern mit einer Hohlkehle und aussen mit Gruben besetzt, welche im Jugendzustande mehr rund erscheinen, im Alter tiefer werdend unregelmässige Gestalt annehmen. Es misst:

			Ihre grösste Breite	Ihre geringere Breite
bei Fig. 5, Taf. V Crocodilus Rathi H. v. Meyer			20 Centimeter	0,9 Centimeter,
„ „ 10, „ „ medius idem			30 „	1,3 „
„ „ 16, „ „ Bruchl idem			40 „	1,9 „

Das Verhältniss der geringsten zur grössten Breite ist
bei Crocodilus Rathi — 1 : 2.2, bei Crocodilus medius = 1 : 2.3, bei Crocodilus Bruchl = 1 : 2.1.

Die Länge misst:

			Das Verhältniss grösster Breite zur Länge ist
bei Crocodilus Rathi H. v. Meyer 25 Centimeter,			1 : 1.23.
„ „ medius „ 30 „			1 : 1.20.
„ „ Bruchl „ 50 „			1 : 1.25.

Das Hauptstirnbein von Crocodilus Ebertal (Taf. IV, Fig. 4) ist ganz eben, ohne die starke Einbiegung zwischen den Augenhöhlen; es ist oben 37 cm, unten 3,1 cm breit und 85 cm lang. Die entsprechenden Verhältnisszahlen sind sohin wie $1 : \frac{37}{31} : 8,3$ und wie $1 : \frac{85}{37} : 0.97$.

Hieraus ergibt sich die grosse Uebereinstimmung der Weisenauer, von H. v. Meyer drei verschiedenen Arten zugeschriebenen Hauptstirnbeine und deren Verschiedenheit von dem des Crocodilus Ebertal. Ich nehme deshalb keinen Anstand die v. Meyer'schen Arten mit meinem Alligator Darwini zu vereinigen. Das Weisenauer Bruchstück (Fig. 19) von Crocodilus Brauniforum H. v. Meyer rührt von einem sehr jungen Thiere her, von welchem sich in der Sammlung des naturhistorischen Vereins zu Mainz und im Museum zu Wiesbaden noch einige andere Reste befinden.

Jochbein und Querbein in Fragmenten, theils aus dem Littorinenkalke von Weisenau, theils aus den Braunkohlen von Messel, habe ich auf Taf. V abgebildet.

Die Fig. 22 zeigt den vordern Theil eines rechten Jochbeins (a) nebst Querbein (β), Oberkiefer (γ) und Unterkiefer (δ) von innen. Der daran nach hinten unter dem grossen Schläfenloch her liegende Theil des Jochbeins fehlt, die nach oben stehende die Augenhöhle begrenzende dünne Säule ist abgebrochen. Aus der vor dieser Säule im breiten Theile des Beins befindlichen Vertiefung tritt ein weiter Gefässgang in den Knochen. Das Querbein ist in seinem untern am Flügelbein sitzenden Fusse stark beschädigt, oben, wo es am Jochbein anliegt, verschoben. In dem Oberkieferfragment (γ) stecken noch einige Zähne, der eine noch mit dem durch Aufbrechen der Wand sichtbar gewordenen jungen Zahne. Aus dem Unterkiefer sind beim Zerquetschen des Hinterkopfes, wodurch der Tod des Thieres herbeigeführt ward, einige Zähne ausgebrochen, die nun sammt ihren Wurzeln horizontal und frei auf der Zahnlade liegen. Fig. 21a stellt dieses Bruchstück von aussen und Fig. 21a in der Seitenansicht dar.

Die Figuren 9, 9a stellen Bruchstücke eines rechten Jochbeins der von H. v. Meyer Crocodilus medius genannten und die Figuren 17a und b solche eines linken von der Meyer'schen Art Crocodilus Bruchi dar, welche ich zu Alligator Darwini ziehe. — Die vollständige Ansicht eines rechten Jochbeines vom Alligator Darwini wurde in Fig. 1 auf Taf. I dargestellt. Es schliesst sich hier die Maxillaris an, vor der ein Bruchstück der Intermaxillaris liegt. Das Jochbein umgrenzt den untern und hintern Theil der Augenhöhle und den untern Theil der Schläfengrube, hinten wird es vom Schuppenbein mit dem Gelenkkopf des Oberhauptes begrenzt; vor ihm finden wir ein Bruchstück des Thränenbeins und noch weiter nach vorn über dem Oberkiefer das rechte Nasenbein.

Auf Taf. II habe ich der Vollständigkeit halber zwei Bruchstücke des Mastoidrums aus dem Litorinellen-Kalke von Wehrheim, welche im Wiesbadener Museum liegen, und Taf. V, Fig. 12 und 13 zwei Bruchstücke des Schläfbeins aus derselben Formation, die im Mainzer Museum aufbewahrt werden, dargestellt, welche H. v. Meyer dem Crocodilus medius beilegte, die aber wohl von einem noch unausgewachsenen Alligator Darwini herrühren. Vom Unterkiefer eines noch jungen Thieres konnte das Winkelbein nebst der Gelenkpfanne und der Gelenkkopf des Oberkopfes vor der Zerstörung bewahrt werden; ich habe solche auf Taf. IV, in den Figuren 16a, b und 17a abgebildet. Von aussen gesehen (Fig. 16) bildet das Stück durch seine tiefen Gruben auf, der Fortsatz hinter der Gelenkpfanne ist kurz; fast doppelt so lang bei ihm Crocodilus Ebertsi (Taf. V, Fig. 6). Innen (Fig. 16b) erscheint der Knochen glatt. Das Winkelbein ist aus drei Stücken aufgebaut, welche durch Nähte verbunden sind. Das obere Stück (a) beginnt am Hinterende des grossen Lochs des Unterkiefers und umfasst dasselbe, wie aus Fig. 2, Taf. I ersichtlich, zum grössten Theile in seiner obern Partie, sich endlich noch über das Zahnbein hinlegend. Das untere Stück (β) kommt unter dem Zahnbeine her, bildet die Unterkante des grossen Loches, trägt hinten die Gelenkpfanne und bildet den untern Theil des Fortsatzes (γ), dessen oberer Theil aus dem dritten Stücke besteht. Fig. 16a gibt eine Ansicht des Beines von oben.

Zu der Gelenkpfanne passt und gehört der Gelenkkopf des Oberkopfes, welcher Fig. 17 von oben, Fig. 17a von hinten abgebildet wurde. Die daneben stehenden Figuren 5 und 5a stellen den Gelenkkopf und Fig. 6 die Pfanne des Winkelbeins von Crocodilus Ebertsi dar; der Augenschein belehrt uns über die abweichende Bildung dieser Kopftheile bei den beiden Mainzer Crocodiliden. Vom Hinterhauptbeine des Alligator Darwini hatten sich nur solche Knochenstücke erhalten, welche zur Zeichnung unbrauchbar sind, nur ein Gelenkkopf des Genicks von einem jungen Thiere konnte auf Taf. VI, Fig. 17 von oben, 17a von der Seite und 17b von unten abgebildet werden; er ist dem von Crocodilus Ebertsi sehr ähnlich.

2*

Die Wirbelsäule.

Die Wirbelsäule des Alligator Darwini besteht aus concav-convexen Wirbelkörpern, an welche oben zur Bedeckung des Rückenmarks Bogen aufgesetzt sind. Nur die ersten Wirbel, der Atlas und der Epistropheus, sowie auch das Heiligenbein und der erste Schwanzwirbel unterscheiden sich in ihrem Bau von den übrigen.

Die Wirbelkörper, mehr oder weniger cylindrisch bis prismatisch, nach beiden Enden aufgetrieben, besitzen vorn die Concavität, die Pfanne hinten den convexen Kopf. Einige dieser Wirbelkörper sind unten kielförmig zusammengedrückt, oder sind daselbst mit kurzen Kielen, mit Knoten oder stachelartigen Fortsätzen versehen, sie tragen auch beiderseits Anschwellungen mit glatten Gelenkflächen (Facetten) für die untern Köpfe gegabelter Rippen, noch andere besitzen auf ihrer untern Seite zwei Facetten zum Ansatze eines gabelförmigen Knochenstückes. Bei allen ist der oben zwischen den zackigen Zusammenwachsstellen mit dem Bogen liegende Theil abgeplattet und von zwei nebeneinander liegenden Einlassöffnungen verwsehen, welche zu weiten, im Innern liegenden Zellen führen.

Die Bögen, durch Symphysen mit dem Körper verbunden, schützen den Rückenmarkscanal von oben, sie besitzen zunächst am Kopfe die grösste Höhe und erniedrigen sich nach hinten mehr und mehr. Oben endigen sie in einen dünnen Kamm oder Stachelfortsatz, vorn und hinten tragen sie vorstehende Gelenkfortsätze, welche von je zwei Wirbeln genau aufeinander treffen und dadurch bei der Bewegung des Thieres die Verschiebung der zwischen den Bogen ausgesparten seitlichen und obern Lücken zum Durchgange der Gefässe verhüten. Auch in die Bogen treten vorn und hinten schlitzförmige Gefässkanäle ein, welche mit weiten Zellen in deren Innerem communiciren.

Seitlich geben von den Bögen längere oder kürzere Querfortsätze aus, an denen sich an Hals und Brust die obern Gelenkköpfe der gabelförmigen Rippen anlegen. Nach hinten sind die Rippen allein an diese Querfortsätze befestigt; endlich fehlen die Rippen, die Querfortsätze besitzen alsdann keine Facetten mehr und zuletzt geben an den letzten Schwanzwirbeln auch die Querfortsätze ein. Der Rückenmarkscanal hat die Gestalt eines in regelmässigen Entfernungen eingeschnürten Cylinders, indem vorn und hinten an den Wirbelkörpern dessen grössere Erweiterung und jedesmal in deren Mitte eine allmählich eintretende Verengerung stattfindet.

1. Atlas (Taf. III, Fig. 8, 9, 10, 11 u. 12).

Von dem ersten Stück der Wirbelsäule besitze ich den Körper, die beiden Theile des Bogens und eine Rippe von einem grössern, sowie den Körper von einem kleinern Thiere.

Der Körper ward in Fig. 8 c, Taf. III von vorn gezeichnet, wo sich dessen Fläche an den Wirbelkopf des Hinterhauptbeins anlegt; die beiden Flügel des Bogens wurden in Fig. 9 a und b ebenfalls in der vordern Ansicht daneben gestellt. In Fig. 9 c ist der Wirbelkörper von seiner schmalen hintern Seite dargestellt, neben ihm präsentiren sich die Bogenstücke a, b in derselben Projection. Die beiden Bogenstücke wurden in Fig. 10 a, b von oben, c, d von unten, Fig. 10 a, b von aussen, c, d von innen gewehen dargestellt und endlich der Wirbelkörper in Fig. 12 a von der untern Fläche, b von der obern, c von der linken Seite abgebildet.

Die Pfanne der vordern Seite des Körpers (Fig. 8 c) ist flach vertieft, halbkreisförmig von einem schmalen Rande umgeben. Die obere Fläche desselben (Fig. 12 b) ist flach muldenförmig ausgehöhlt, nach hinten zusammengezogen und glatt. Auf den beiden Seiten setzen sich vorn am Körper zwei Facetten an, woran sich schmale lange Rippen (ßß, Fig. 12 b) heften. Der nach hinten stark verdünnte Körper (Fig. 12 c) ist zwischen den Facetten a a (Fig. 9 c) tief ausgehöhlt und daselbst von 3 + 1 weiteren Gefässmündun und von vielen feinen Oeffnungen durchbohrt. Dem Körper fehlt der hintere Gelenkkopf, er stieß an die etwas vorspringende mittlere Spitze des Körpers des Epistropheus an.

Die beiden Bogenstücke saßen mit ihren hintern Facetten dd (Fig. 3 a, b) an den Condylen dd der vordern Fläche des Epistropheus (Fig. 13 a) auf und waren daran durch Bänder befestigt, welche sich in den tiefgrubigen Theilen ss (Fig. 9 a, b) anhefteten, während die weit vorstehenden Enden der Bogenstücke $\gamma\gamma$ (Fig. 10 und 11) sich an die am Epistropheus-Bogen befindlichen Facetten $\gamma\gamma$ (Fig. 13 a und d) anlegten. Der Körper des Atlas berührte mit den Facetten $\sigma\sigma$ die fünfeckigen Flächen $\zeta\zeta$ (Fig. 9 a, b und 11 c, d) der Bogenstücke. In dieser Lage schlossen sich die obern Dachstücke der Bogenseiten mit ihren mittlern ausgezackten Suturen fest aneinander und bildeten die in Fig. 10 von oben und unten dargestellten Formen. Die abgerundeten und platten halbkreisförmigen Oeffnungen ab, cd und $\gamma\gamma$ waren für die nach und von dem Rückenmarke oben ausgehenden Gefäße und Nerven bestimmt.

Dem Atlas des Alligator Darwini fehlt das bei den lebenden Crocodilden vorkommende obere Deckstück; er nähert sich dadurch dem des Monitor.

Mit dem Atlas des Crocodilus Ebertsi ist er, wie eine Vergleichung der Fig. 24 auf Taf. VI mit denen auf Taf. III deutlich erkennen lässt, nicht zu verwechseln. Der des Crocodils ist aufgetrieben und es fehlt ihm die für den Alligator Darwini charakteristische Hohlkehle.

2. Epistropheus (Axis).

Das zweite Glied der Wirbelsäule besitze ich in einem fast vollständigen Exemplare, welches auf der Taf. III zur Abbildung gelangte und zwar in Fig. 13 von der linken Seite, 13 a von oben, 13 b von unten, 13 c von hinten und 13 d von vorn.

Der Querschnitt des Wirbelkörpers besitzt vorn die Form eines abgerundeten rechtlich eingezogenen Quadrats, in der Mitte die eines Dreiecks mit einem unten anliegenden Kiele, am hintern Ende die eines fünfseitigen Wappenschildes mit einem in dessen Mitte aufgesetzten, halbkugelförmigen Gelenkkopfe. Die vordere glatte Fläche des Wirbelkörpers ist mit zwei consolenartigen Vorsprüngen ($\delta\delta$) für die entsprechenden Flächen der Seitenstücke des Atlas ausgestattet. Zwischen diesen erweitert sich die Grundfläche des Rückenmarks-loches allmählich, um sich dann gegen die Mitte des Wirbels bedeutender zusammen zu ziehen und endlich nach hinten nochmals sich zu verbreitern. Oben in der eben genannten Grundfläche treten zwei schlitzförmige Oeffnungen nach dem Innern und unten neben dem Kiel ist die Wand des Wirbelkörpers von zwei runden Gefäßöffnungen durchbohrt. Am vordern Ende des Körpers ragen beiderseits zwei Facetten zum Anheften zweier Rippen ($\zeta\zeta$, Fig. 13 a) hervor.

Der Bogen setzt sich in einer im Zickzack verlaufenden Naht (Fig. 13) auf; er ist hoch aufgebaut und trägt einen über seine ganze Länge verlaufenden Kamm. Nach vorn richten sich die kleinen Gelenk-flächen $\gamma\gamma$ für den Atlas, nach hinten die größeren weiter hervortretenden $\partial\partial$ für den nächstfolgenden Halswirbel.

Der Epistropheus des Crocodilus Ebertsi hat einen dreiseitig prismatischen Körper, an dessen Vorder-fläche die consolenartigen Vorsprünge fehlen und dessen Kiel ganz vorn am untern Rande ansetzt.

Atlas und Epistropheus des Alligator Darwini unterscheiden sich wesentlich von den beiden ersten Halswirbeln lebender Crocodiliden. Bei letztern besteht, abgesehen von den beiden seitlichen Rippen und dem obern Dachstücke (nach Brühl), der eigentliche Ring des Atlas aus drei Stücken, den beiden seitlichen oben zusammenstoßenden Bogenhälften und einem sie unten vereinigenden Mittelstücke. Der Körper des Atlas sitzt am Epistropheus fest und schiebt sich in den untern Theil des Atlasringes solcher Weise ein, daß er über das verbindende Mittelstück her reicht. Dem Epistropheus fehlen die seitlichen rippenförmigen

Anhängsel. Der Atlas des Alligator Darwini aber besteht aus den beiden Seiten des Bogens und dem dicken Wirbelkörper, welcher sich vor dem Epistropheus ansetzt, die untern dicken Enden der Bogenhälften legen sich zwischen die consolenartig hervorragenden Theile des Epistropheus und die beiden rauhen hintern Endflächen des Atlaskörpers. Sowohl an diesem als am Körper des Epistropheus sind Rippen angeheftet.

9. Halswirbel.

Sämmtliche fünf Halswirbel konnte ich von einem und demselben Thiere nicht gewinnen; ich erlangte aber den ersten und mehrere mittlere, wenn auch nur in Bruchstücken, von einem grössern und den letzten von einem jüngern Thiere.

Tafel VI. Fig. 3, der erste Halswirbel von hinten, a von vorn, b von der rechten Seite, c von oben.

„ „ „ 4, Bruchstück vom zweiten Halswirbel von vorn.

„ „ „ 5, Bruchstück vom dritten Halswirbel von der linken Seite.

„ „ „ 6, Fragment vom vierten Halswirbel von der rechten Seite, von demselben Thiere wie Fig. 3.

„ „ „ 1, fünfter Halswirbel, linke Seite von einem noch jungen Thiere, noch mit den Rückenwirbeln zusammenhängend.

„ „ „ 2, derselbe von oben, 2 a von unten, 2 b von hinten, 2 c von vorn.

Tafel VII. Fig. 9, der Körper eines Halswirbels von einem jungen Thiere von unten, 9 a von oben.

Die Körper sämmtlicher Halswirbel sind vorn und hinten rund, in der Mitte sehr stark zusammengezogen und am vordern Ende mit einem etwas nach vorn gebogenen dünnen Kiele versehn. Seitlich ragen zwei kurze etwas nach unten geneigte Ansätze mit den Facetten für die kürzern Glieder der zweiarmigen Halsrippen hervor. Die Bogen sowie der Rückenmarkscanal sind hoch, nehmen aber nach hinten an Höhe ab. An ihnen sitzen die Gelenkansätze, vorn zwei mit nach aussen gerichteten Facetten, hinten zwei, deren glatte Facetten nach innen gewendet erscheinen. Diese Gelenkansätze stellen sich an allen Wirbeln sehr steil, fast senkrecht. An beiden Seiten des Bogens stehen die nach unten und hinten geneigten Queransätze mit Facetten zum Anheften der längern Glieder der zweiarmigen Halsrippen, sein oberes Ende ist gekrönt durch einen schmalen nach hinten übergebogenen hohen Kamm, zu dessen Basis zwei schlitzförmige Gefässgänge ausgeben.

Der erste Halswirbel ist hoch und schlank, der letzte niedriger und breiter, in seinen Dimensionen mehr den Rückenwirbeln genähert.

Die Halswirbel des Alligator Darwini haben grosse Aehnlichkeit mit denen des lebenden Crocodilus vulgaris Cuvier, von denen des fossilen Crocodilus Ebertzi unterscheiden sie sich durch den Kiel, an dessen Stelle der Körper des letztern einen rundlichen Knoten hat.

4. Rückenwirbel.

Die Rückenwirbel sind von verschiedener Gestalt, theils mit, theils ohne Kiele, theils mit Querfortsätzen für zweiarmige Rippen am Körper und Bogen, theils nur mit solchen am Bogen. Ein Wirbel besitzt anstatt des Kieles einen nach vorn gerichteten Haken.

a. Rückenwirbel mit Rippenansätzen am Körper und Bogen und mit breitem Kiele.

Tafel V. Fig. 1 b, c, erster und zweiter Rückenwirbel von der Seite, der letztere nur Fragment von einem jungen Thiere.

„ „ „ 7, der erste Rückenwirbel (Fig. 1 b) von hinten, 7 a von oben, 7 b von vorn, 7 c von unten.

— 15 —

Tafel V. Fig. 8, der erste verbrochene Rückenwirbel eines grösseren Thieres von der linken Seite, 8 a von hinten.

„   „   „   9, der zweite defecte Rückenwirbel desselben Thieres von der linken Seite, 9 a derselbe von vorn.

„   „   „ 10, Bruchstück des zweiten Rückenwirbels von einem andern Thiere von der linken Seite,
10 a von vorn.

Die beiden ersten Rückenwirbel, an welche mit Kiefen versehene oben zwei getheilte Rippen sich
anschliessen, haben vorn und hinten kreisrunde, in der Mitte stark zusammengedrückte Körper und zunächst
am Vorderende einen breiten langen, nach unten sich etwas verbreiterden Kiel. Unterhalb der Naht, womit
sie an den Bogen befestigt sind, setzt sich dicht am Vorderende beiderseits eine bohnenförmige Erhöhung,
mit einer Facette für den kürzeren Arm der zweitheiligen Rippe an. Der breite lange dünne Wirbel trägt
beiderseits etwas herabhängende dicke Querfortsätze mit Facetten zur Befestigung der andern Arme der
zweitheiligen Rippen. Die Gelenkansätze stehen noch ähnlich wie bei den Halsrippen und auch noch beim
zweiten Wirbel fast senkrecht. Ihre Krönung geschieht durch einen langen schmalen, ein wenig nach hinten
geneigten Kamm. Von den Wirbeln des Crocodilus Ebertsi sind sie durch den breiteren und längeren Kiel und
den hohen schmalen Kamm unterschieden, welche bei jenem niedriger ausgebildet sind.

b. Mit beiden Rippenansätzen am Bogen, unten mit breitem Kiele oder einem
kurzen Haken.

Am dritten Rückenwirbel haben sich an den beiden Seiten die bohnenförmigen facettirten Warzen zur
Aufnahme des einen Kopfes der Rippen vom Körper nach dem Bogen erhöht; die anderen Facetten für den
zweiten Rippenkopf befinden sich an den horizontalen Querfortsätzen (Taf. VI, Fig. 1 d. Bruchstück des dritten
Rückenwirbels). Bei diesem wie bei den der Reihe nach folgenden Wirbeln findet dieselbe Anordnung
dieser Theile wie bei den entsprechenden Wirbeln des Crocodilus Ebertsi statt, welche Taf. VII, Fig. 1 vom
zweiten bis zwölften abgebildet werden. Die Facetten zur Aufnahme des einen Rippenkopfes liegen in einer
aufsteigenden mit den andern an den Querfortsätzen angebrachten divergirenden Linie. Die beim ersten Wirbel
tief unten, beim zweiten in der Mitte des Körpers, beim dritten unten am Bogenrande, beim vierten etwas
höher am Bogen, beim fünften dicht unter dem horizontalen Querfortsatze, beim sechsten und siebenten an der
vordern Kante dieser Querfortsätze, wo sie auch noch bei drei weitern Wirbeln verharren. Die Facetten
für die andern Rippenköpfe liegen stets an dem Ende der anfänglich kürzern weiterhin länger werdenden
Querfortsätze. Die am vordern Ende unten am Körper sitzenden Kiele werden vom dritten Wirbel an nach
hinten schmäler und gehen beim siebenten in einen nach vorn überstehenden rundlichen Haken über, welcher
Taf. V, Fig. 11 von der rechten Seite, 11 a von vorn abgebildet wurde. Der siebente Rückenwirbel des Crocodilus
Ebertsi besitzt diesen Haken ebenfalls nur in grösseren Längendimensionen und in einigen Fällen als einen
spitzigen Dorn.

Die Bogen werden nach hinten niedriger, die Gelenkansätze zeigen sich immer mehr, so dass beim
siebenten Rückenwirbel ihre Facetten fast horizontal liegen.

c. Rückenwirbel ohne gekielten Körper und Querfortsätze mit zwei oder einer
Facette für die Rippenköpfe.

Taf. VI, Fig. 13. Bruchstück des achten oder neunten Rückenwirbels von hinten, 13a von der rechten
Seite, 13 b von oben.

Die Rückenwirbel, welche dem siebenten folgen, besitzen glatte Körper von cylindrischer, nur in der
Mitte etwas eingezogener Gestalt, ohne unten anhängende Kiele. Ihre Bogen tragen Gelenkansätze mit fast

horizontal liegenden Facetten, deren Spitzen seitlich abgebogen sind. Die Kämme erscheinen breit und hoch, oben rauh; sie schliessen fast zusammen, ähnlich wie die Planken einer Pallisadenwand.

Das auf Taf. VI abgebildete Stück (Fig. 13) gehörte einem grossen Thiere an, von welchem mehrere Reste im Littorinellenkalke von Mombach gefunden wurden und welches im Museum zu Wiesbaden aufbewahrt wird. Der noch am Bogen befestigte rechte hintere Gelenkansatz hat eine schwache Neigung gegen den Horizont und steht nach aussen ab; der Kamm war stark und lang, die Querfortsätze hatten dreieckigen Querschnitt, alle diese Theile sind von grossmaschiger Structur, wie aus der Zeichnung hervorgeht. Der Rückenmarkscanal erscheint höher als breit.

Von den Messeler Funde war keiner zur Abbildung geeignet, alle waren in Pyrit eingehüllt und stark zerfressen, an den Querfortsätzen konnte jedoch der dreieckige Querschnitt und bei dem achten, neunten und zehnten das Vorhandensein von zwei Facetten für die Rippenköpfe nachgewiesen werden, während die des elften und zwölften Wirbels nur eine Facette am äussern Ende besassen.

b. Lendenwirbel.

Tafel VI. Fig. 12, der zweite Lendenwirbel von hinten, 12 a von vorn.

   „ „ „ 12 c, derselbe von oben.

   „ „ „ 12 b, Bruchstück des ersten, 12 b der zweite und 12 d der dritte Lendenwirbel von oben, von einem jungen Thiere.

   „ „ „ 14, Bruchstück eines Lendenwirbels von einem grossen Thiere, von der linken Seite.

Die Körper der Lendenwirbel haben einen breit ovalen Querschnitt, an beiden Enden etwas dicker, in der Mitte wenig zusammengezogen, ohne Kiele oder sonstige Erhöhung, ganz glatt. An dem etwas niedergedrückten Bogen sitzen die Gelenkansätze seitlich abstehend mit nur wenig geneigten Facetten, auf dem Rücken erhebt sich ein hoher Kamm von mittlerer Breite, welcher zwischen sich und dem nächstfolgenden eine breite Lücke lässt. Die Querfortsätze sind breit und dünn ohne Facetten, da sie keine Rippen zu tragen haben.

c. Heiligenbein.

Tafel VII. Fig. 1, Fragment vom zweiten Wirbel des Heiligenbeins von vorn, 1 a dasselbe von hinten.

   „ „ „ 2, die beiden Wirbel des Heiligenbeins von einem andern Thiere, Bruchstück von unten.

   „ „ „ 3, Fragment eines vordern Wirbels von unten.

   „ „ „ 3 a, ein anderes Bruchstück von oben.

Das aus zwei, in der Mitte vermittelst zweier glatten Flächen ihrer Körper verwachsenen Wirbeln gebildete Heiligenbein ist vorn und hinten mit einer concaven Pfanne versehen. Die Wirbelkörper haben ovalen Querschnitt, an sie schliessen sich mittelst starker Nähte die prismatischen, sich nach aussen verdickenden Querfortsätze an, welche sich mit den Hüftbeinen vereinen.

Die ovalen Körper und die daran befestigten Querfortsätze erscheinen aussen fein narbig, längsgestreift, innen von fein poröser Knochenmasse gebildet. Die Bogen sind niedrig und mit kleinen Gelenkansätzen versehen, die nach vorn gerichtet flacher, nach hinten etwas steiler stehen. Die Kämme niedriger als die der Lendenwirbel. Die vordere Concavität des Heiligenbeins schliesst an den Gelenkkopf des letzten Lendenwirbels, die hintere nimmt den vordern Gelenkkopf des ersten Schwanzwirbels auf, welcher convex-convex ist. Das Heiligenbein von Crocodilus Ebertal, von welchem sich nur ein Wirbelkörper erhalten hat, besitzt vorn eine Pfanne, in der Mitte zwei ebene Flächen und hinten einen Gelenkkopf; ist also concav-convex.

7. Schwanzwirbel.

a. Der erste Schwanzwirbel mit zwei Gelenkköpfen.

Tafel VII. Fig. 10, von der linken Seite, 10a von vorn, 10b von hinten.

„ „ „ 12, ein anderer von der linken Seite, 12a von hinten.

Der Körper des ersten Schwanzwirbels hat die Gestalt der Lendenwirbel, ist in der Mitte nach unten ein wenig zusammengezogen, auf seinen Endflächen sitzen sowohl hinten als vorn halbkugelförmige Gelenkköpfe, von denen der erste in die Pfanne des Heiligenbeins passt. An dem Wirbel Fig. 10 sind beide Gelenkköpfe von ziemlich gleichem Bau, bei dem Fig. 12 aber findet augenscheinlich eine Missbildung statt, indem der hintere Gelenkkopf flach geblieben und von mehreren concentrischen Runzeln umgeben ist. Die Bogen dieser Wirbel sind niedrig, der Rückenmarkscanal eng, die Gelenkansätze stehen demgemäss dem Körper genähert und flach. Die Querfortsätze sind dünn und kurz, der Kamm aber ist breit und hoch.

Schon die in der Kreideformation und im Eocän vorkommenden Crocodiliden besitzen solche convexconvexe erste Schwanzwirbel; Crocodilus Ebert jedoch, welchen neben Alligator Darwini fossil vorkommt, scheint dem Bau seines Heiligenbeins entsprechend einen concav-convexen Wirbel der Art besessen zu haben.

b. Schwanzwirbel concav-convex mit Querfortsätzen.

Tafel VII. Fig. 11, von der linken Seite, a von hinten, b von vorn, c von unten.

„ VI. „ 15, Schwanzwirbelfragment von der rechten Seite, a von hinten, b von unten, von Mombach.

„ IV. „ 11, Schwanzwirbel von der linken Seite, a das vordere Ende desselben von unten, b von vorn.

„ „ „ 12, Fragment eines andern Schwanzwirbels von der linken Seite, a von unten, b von vorn, c von hinten.

„ „ „ 13, Fragment eines anderen von unten, a von hinten.

Der zweite Schwanzwirbel (Taf. VII. Fig. 11) hat einen Körper von fünfseitig prismatischer Gestalt, nach unten etwas zusammengedrückt, nach hinten verdünnt, wo auf der abgerundeten fünfseitigen Endplatte der Gelenkkopf steht; ohne Facetten für Anhängsel an der Unterfläche, wie sie bei den jetzigen Crocodiliden vorkommen. Der Bogen ist niedrig, die Gelenkansätze stehen flach und dicht an der Naht gehen die dünnen kurzen Querfortsätze ab. Der Kamm niedrig und breit. Auch der, Taf. IV, in Fig. 13 abgebildete, etwas breitere Wirbel von einem anderen Thiere ist als ein zweiter Schwanzwirbel anzusehen.

Die auf Taf. IV, in den Figuren 11 und 12 abgebildeten Schwanzwirbel lagen weiter von der Schwanzwurzel ab nach hinten. Sie hingen im Gesteine mit noch drei anderen von ähnlichem Bau und abnehmender Länge zusammen. (Der erste ist lang 3,0 cm., der zweite 2,8 cm., der dritte 2,8 cm., der vierte 2,5 cm., der fünfte 2,4 cm.) Ihr Körper zieht sich nach der Mitte hin stark zusammen und ist vierkantig, der Bogen niedrig, die Querfortsätze dünn und kurz, der Kamm dünn und niedrig, die Gelenkansätze stehen gerade nach vorn und hinten.

An der etwas nach vorn umgebogenen quadratischen hintern Fläche des Körpers (Fig. 12c) machen sich zwei rundliche Facetten bemerklich, an welche wohl die Köpfe der gabelförmigen Schwanzrippen sich anschlossen. Trotz aller Mühe konnte ich jedoch keine solche Schwanzrippe auffinden.

Das zu Wiesbaden aufbewahrte Wirbelstück (Taf. VI, Fig. 15) ist dem Mombacher Litorinellenkalke entnommen, es gleicht bis auf die etwas bedeutendere Länge den vorher beschriebenen Wirbeln von Messel in jeder Weise vollkommen, namentlich sind die Facetten an der Unterseite sehr deutlich.

Wahrscheinlich belief sich die Anzahl der mit Querfortsätzen ausgestatteten Schwanzwirbel auf 15 oder 16.

c. Schwanzwirbel ohne Querfortsätze.

Tafel VI. Fig. 10. Schwanzwirbel eines sehr jungen Thieres von der linken Seite, a von vorn, b von hinten, c von unten.

Die Schwanzwirbel von Alligator Darwini waren grösstentheils durch Pyritumhüllung und Zerfressung unkenntlich gemacht, so dass sie sich zur Abbildung nicht eignen. Dennoch war leicht fest zu stellen, dass ein grosser Theil derselben keine Querfortsätze besass, sondern denjenigen gleicht, welche ich von Crocodilus Ebertsi auf Taf. VIII, Fig. 10 und 11 aufgenommen habe.

Der kleine Wirbel ohne Querfortsätze (Taf. VI, Fig. 10), welcher im Wiesbadener Museum aufbewahrt wird und aus dem Litorinellenkalke von Weisenau stammt, möchte einem sehr jungen Alligator Darwini angehört haben.

Rippen.

Die innern Leibeshöhlen der meisten in den Messeler Braunkohlen aufgefundenen Crocodiliden sind dergestalt von Pyrit erfüllt, dass eine Herausnahme der Wirbel und der daran befestigt gewesenen Rippen zur Unmöglichkeit wurde. Nur in einem Falle konnten die Rippen der linken Körperseite von Crocodilus Ebertsi vollständig aus dem Gesteine präparirt werden.

Im Allgemeinen ähneln die Rippen von Alligator Darwini jenen, sowie auch denen lebender Crocodiliden sehr, so dass deren Abbildung leicht entbehrt wird.

Die Rippen sind aus einem grossmaschigen Gewebe gebildet, welches nur in den Gelenkköpfen feinblasig wird.

1. Rippen am Atlas und Epistropheus.

In der Nähe des Genicks fanden sich mit dem umhüllenden Pyrit verbunden lange, schmale, dünne Knochen, mit dem Gelenkkopfe voranliegend, nach hinten abgerundet. Ein solcher konnte rundum freigelegt werden, er ist auf Taf. XI. in Fig. 19 von der innern, 19 a von der äussern, 19 b von der schmalen Seite und 19 c von der Fläche des Gelenkkopfes aus abgebildet.

Der Gelenkkopf ist halbmondförmig, die Rippe löffelförmig. Bei einem Stücke liegen zwei solcher Rippen links, ein Gelenkkopf und Fragment einer dritten rechts vom Epistropheus, die eine möchte also am Atlas, die andere am Epistropheus befestigt gewesen sein, zum Schutze der nach dem Kopf gehenden Hauptblutgefässe.

2. Rippen an den Halswirbeln.

Von den eigenthümlichen zum Schutze der Hauptgefässe zwischen Brust und Kopf dienenden zweiköpfigen Rippen konnte nur eine einzige von einem jungen Thiere gerettet werden; sie gehört der rechten Seite des auf Taf. VI, in Fig. 1 abgebildeten fünften Halswirbels an.

Taf. XI, Fig. 20 von der innern, 20 a von der äussern Seite; die Spitze a ist nach vorn gerichtet.

Die beiden Gelenkköpfe lassen zwischen sich eine V förmige Oeffnung, der breitere, in Fig. 20 im Vordergrunde stehende, setzt sich an die am Wirbelkörper befestigte Facette, der schmälere, längere, etwas nach hinten gerichtete an den herabhängenden Querfortsatz des Bogens. Der untere Fortsatz der Rippe steht dabei fast horizontal, mit seiner Spitze a nach vorn gerichtet, er ist unten abgerundet, oben zwischen den Gelenkköpfen ausgekehlt.

Der untere Fortsatz der weiter nach dem Kopfe hin liegenden Rippen ist nach hinten beträchtlich länger als der des letzten Halswirbels, so dass er die vordere Spitze a noch einige Millimeter lang bedeckt und sich an deren Facette anschmiegt.

Von den Halsrippen des Crocodilus Ebertsi (Taf. XI, Fig. 13, 14, 15) unterscheidet sich die des Alligator Darwini wesentlich; sie nähert sich denen des Crocodilus vulgaris Cuvier durch die Gestalt ihrer untern Fortsätze.

3. Rippen an der Brust.

Die zwölf ersten Rückenwirbel setzen sich in Rippen von verschiedenem Bau fort. Von den verschiedenen Sceleten des Alligator Darwini konnten nur Bruchstücke der Rippen erlangt werden, ich habe deshalb und weil sie sowohl von denen des Crocodilus Ebertsi und von denen lebender Crocodiliden sehr wenig verschieden sind, keine Abbildungen davon gegeben.

Die erste und zweite Rippe an der Brust sind gekielt und einen Vorsprung gespalten; die Köpfe dieser Arme oder Stiele legen sich an die am Körper und Bogen der ersten beiden Rückenwirbel befindlichen Facetten an. Die erste Rippe ist sehr kurz, die zweite länger, beide am untern Ende zugeschärft. Sie sind den entsprechenden Rippen des Crocodilus Ebertsi sehr ähnlich, nur haben sie längere und verhältnismässig dünnere Arme. Die von folgenden Rippen ohne Kiele gewinnen an Breite, indem sie auf der nach hinten gekehrten Längsseite dick, an der nach vorn gerichteten, wo sich der auf einem langen Stiele sitzende Kopf für die am Wirbelkörper angebrachte Facette befindet, dünner und zu einer runden Platte ausgestaltet sind. Die dritte bis zur zehnten Rippe sind unten mit starken Gelenkköpfen versehen, an die sich Knorpelrippen anlegen, welche mit der ebenfalls knorpeligen Brustplatte zusammenhängen. Die elfte und zwölfte Rippe haben nur einen obern Gelenkkopf und gehen nach kurzer Ausdehnung unten scharf zu.

4. Diese von der knorpeligen Brustplatte umgebenden Rippen und Seitenknochen der Brustplatte.

In allen die Bauchgegend umfassenden Sceletltheilen des Alligator Darwini sowohl als des Crocodilus Ebertsi fand ich zahlreiche Bruchstücke dünner, schwach gekrümmter, einerseits mit einem dickern Gelenkkopfe versehener, andererseits zugespitzter, im Querschnitte ovaler bis kreisrunder Rippen, welche wie bei den lebenden Crocodiliden an der knorpeligen Beckenplatte angeheftet nach oben gerichtet standen. Ich habe drei solcher Rippen auf Taf. XII, in Fig. 14 abgebildet.

Bei lebenden Crocodiliden liegen an beiden Seiten der knorpeligen Beckenplatte zwei gekrümmte Knochen, solche fand ich auch bei Crocodilus Ebertsi (Taf. XII, Fig. 15). Neben den Resten eines Alligator Darwini lag das auf Taf. XII, in Fig. 15 von drei Seiten dargestellte Fragment eines rippenförmigen Knochens, welcher höchst wahrscheinlich zu gleichem Zwecke gedient hat.

Die Gliedmassen.

Der Rumpf des Alligator Darwini ist durch einen vordern und einen hintern Ring geschlossen. Am vordern hangen die Vorderbeine mit fünffingeriger Hand, am hintern die Hinterbeine mit vierzehigem Fusse.

1. Der vordere Ring, bestehend aus zwei Schulterblättern, zwei Schlüsselbeinen und dem Brustbeine.

a. Schulterblatt.

Tafel IX, Fig. 11. Bruchstück vom Seitenfelsstück des rechten Schulterblattes von aussen, a von vorn, b von hinten,
„ „ „ 11c, unterer Gelenkkopf des Schulterblattes gegen das Schlüsselbein von unten, 11d von aussen,
11e von oben.

Von der abgebildeten Schaufel des Schulterblattes sind oben nur geringe dünne Stückchen abgebrochen. Sie ist oben fast gradlinig dünn 4 cm. breit, verschmälert sich nach unten, bis sie sich verdickend bei 3,5 cm. Länge noch 1,7 cm. Breite hat. Nach ihrer hintern Kante β ist, sie eingeschärft, in der Mitte ausgehöhlt, vorn bei α abgerundet und geht mittelst eines kurzen Halses in den nach unten abgebogenen, beiderseits sich zuspitzenden, dicken, unten flachen Gelenkkopf über. Die nach oben in eine kantige Leiste verlaufende Spitze γ des Gelenkkopfes (Fig. 11 c, d, e) steht vorn, die fein gestreifte Ausgrabung nach aussen, die hintere Spitze ε erhebt sich etwas nach oben, den obern Theil der Pfanne für den flachen Gelenkkopf des Oberarms (Humerus) ausmachend. Der abgebildete Gelenkkopf gehört der linken Seite des Thieres an. Diesen im Leben in eine dicke Bändermasse eingehüllte Glied des Scelets ist im fossilen Zustande dergestalt in Pyrit eingehüllt und davon durchdrungen, dass es beim Herausnehmen in unzählige Splitter zerfällt.

Durch seine Gestalt ist das Schulterblatt des Alligator Darwini von den mehr spatelförmigen lebenden Alligatoren und der viel breitern abgerundeten Schaufel des Crocodilus Ebertsi unterschieden.

Ich besitze ausser dem abgebildeten noch Reste von drei andern Schulterablättern dieser Species.

b. Schlüsselbein.

Tafel IX. Fig. 3, Gelenkkopf des rechten Schlüsselbeins von der Aussenseite, a von oben.

Von diesem Knochen besitze ich drei Gelenkköpfe und von den am Sternum fest gewesenen Schaufelstücken zahlreiche Bruchstücke. Crocodilus Ebertsi lieferte mehrere ihrer ganzen Ausdehnung nach erhaltenen Knochen der Art.

Das Schlüsselbein von Alligator Darwini ist grösser als das des Crocodilus Ebertsi, weniger gekrümmt, aus Halse nicht verdreht und zeigt dadurch, sie durch die stumpfwinkeligere Endigung seines Gelenkkopfes, dass es sich von dem steiler angehefteten Schulterblatte steiler noch unten fortsetzte.

Der nach vorn gerichtete stumpfe Gelenkkopf-fortsatz bedeckt, wie aus der Vergleichung der Figuren 11 e und 3 a hervorgeht, noch die innere Einbuchtung und die äussere polsterartige Anschwellung. Die hintere Endigung des Schlüsselbeinkopfes weicht jedoch ab und wird zu einer consolenartigen Widerlage für den schmalen Gelenkkopf des Humerus.

Der dünne Knochen unterhalb des Gelenkkopfes des Schlüsselbeins ist von einem runden Loche durchbohrt. Der Gelenkkopf geht durch einen anfangs dicken und schmalen Hals in eine breite Schaufel über, welche sich nach innen krümmt und an das keulförmige Sternum anlegt.

c. Das Brustbein.

Von dem Brustbeine des Alligator Darwini besitze ich nur einige Bruchstücke, welche grosse Uebereinstimmung mit dem auf Taf. XII. Fig. 12 vom Crocodilus Ebertsi zeigten. Der Knochen ist bei dem Alligator Darwini breiter und länger, sonst hat er die vordere Gestalt, die mittlere breiderartigen Facetten und die hinteren Ausnehmungen wie diese Zeichnung.

d. Der Oberarm (Humerus).

Tafel VI. Fig. 25, Bruchstück eines Oberarms mit dem unteren Gelenkkopfe von der innern Seite, a von unten. b von hinten. aus den Braunkohlen der Grube Ludwig von Gustorbein im Westerwalde.

„ X „ 7, Fragment vom linken Humerus mit dem obern, 7a Fragment, rechter oberer Gelenkkopf des Humerus von vorn, b von der Seite.

„ „ — 8, unterer Gelenkkopf desselben von aussen, 8 a derselbe von innen mit der Knochenstructur.

Der Oberarm, ein etwas rückwärts gebogener röhrenförmiger Knochen, hat einen breiten zurückgebogenes obern und einen zweihöckerigen untern Gelenkkopf.

Am obern Gelenkkopf machen sich da, wo die Röhre an dessen zurückgebogenem Stück beginnt, zwei Anheftstellen für Gelenkbänder bemerklich, vorn die erhabenere *a* und hinten die flachere *β* (Taf. X, Fig. 7, 7 a und 7 b). An beiden Gelenkköpfen treten tiefe Rinnen ein auf, welche den Bändern als Anheftstellen dienten, an beiden neben als Canäle für Gefässe in das Innere treten, um dem in der Röhre befindlichen Marke Nahrungsstoff zuzuführen. Die Röhre besteht aus symmetrischen Schaalen, nach den Gelenkköpfen hin bilden sich in derselben aber Knochenstäbchen aus, welche sich zu Gittern gruppiren (Taf. X Fig. 8 a).

In den Figuren 7 a und 7 b sind die stark ausgedrückten Vertiefungen für Sehnen und Bänder, sowie die runden Gefässcanäle *γ γ* an dem obern Gelenkkopfe, sowie an den Figuren 8, 8 a die gleichen Erscheinungen an dem untern Gelenkkopfe sichtbar. Der Gefässcanal beginnt in Fig. 8 innerhalb einer in die Innenseite des Knochens vertieften Fläche *γ*.

In den Braunkohlen von Gusterubain wurde neben Zähnen des Alligator Darwini auch ein Humerus gefunden, von welchem nur das Taf. VII, Fig. 22 abgebildete Bruchstück in das Museum zu Wiesbaden gelangte.

Der Oberarm von Crocodilus Ebertei unterscheidet sich durch seine noch auffallendere Zurückbiegung der Röhre und den obern Gelenkkopfen von dem des Alligator Darwini.

e. Der Unterarm, aus der Speiche (Radius) und dem Ellenbogenbein (Ulna) bestehend.
Tafel IX. Fig. 9, oberer Gelenkkopf einer Speiche von der Seite, 9 a von oben.
„ X. „ 9, oberer Gelenkkopf des Ellenbogenbeins eines linken Arms von der Seite.

Von dem Alligator Darwini konnte ich nur einen einzigen Unterarm mit einigermassen gut erhaltenen Gelenkköpfen erhalten, an allen andern hatte Pyritumhüllung die totaporhsen Knochentheile gänzlich zerstört.

Die Röhren der Ulna sind stärker als die des Radius, beide verdünnern sich nach dem untern Ende hin, beide haben unregelmässig ovale Querschnitte. Ein 12 cm. langes Ellenbogenbein ist dicht unter dem 2,5 cm. breiten obern Gelenkkopfe 1,2 cm. breit und 0,8 cm. dick. Die dünnere und kürzere Speiche legt sich unter den hakenförmig vorspringenden obern Gelenkkopf des Ellenbogenbeins. Auf Taf. IX ist in Fig. 9 der obere Gelenkkopf einer Speiche von der Seite und von oben, in Fig. 9 auf Taf. X der eines Ellenbogenbeins mit sehr tiefen Bänderanheftrinnen gezeichnet.

f. Die Hand (der Vorderfuss).

Die Hand des Alligator Darwini besteht aus der Handwurzel des Radius, der der Ulna oder des Cubitus, dem Pillenbein und fünf Fingern.
Tafel XI. Fig. 10, Theile des rechten Vorderfusses von oben.
„ „ „ 10 a, dieselben von unten. „ „ „
„ „ „ 10 b, Handwurzel der Speiche von vorn.

Die abgebildeten Theile der Hand lagen im Gesteine so, wie sie auf der Tafel in Fig. 10 und 10 a angeordnet sind.

Die Handwurzel besteht aus folgenden Stücken:

Der Handwurzel der Speiche *a*. Fig. 10 und 10 a von oben und von unten, Fig. 10 b von der Seite gesehen, *β* untere, *γ* obere Gelenkkopffläche. Ein kurzer dicker Knochen von abgerundet dreieckigem Querschnitte oben und unten durch schief gegen die Hauptachse geneigte Flächen (*β γ*) begrenzt. An den Seiten mit schwachen Gelenkhautgruben.

Fig. 18 und 18a. Die Handwurzel des Ellenbogenbeins β dünner als die vorige, unten stärker abgeschrägt.

Fig. 18 und 18a. Das Pillenbein, ein abgeplattet rundlicher Knochen mit einer Facette, womit er sich an die Handwurzel der Ulna anlegt.

Die fünf Finger sind drei- bis fünfgliedrig.

Die obern Gelenkköpfe des ersten Gliedes aller Finger sind zusammengedrückt, nach der Oberfläche der Hand kantig, nach der Unterfläche abgeplattet und über eine dreieckige mit den Anheftpunkten für die Bänder versehene Fläche gestellt. Die obern Gelenkköpfe der zweiten, dritten, vierten und fünften Fingerglieder aber sind breiter als die Röhrenknochen, vierseitig und mit einer Schneppe versehen, welche sich in die den untern Gelenkköpfen eigenthümliche Vertiefung zwischen deren beide Gelenkhügel hereinlegt. Sie haben Gelenkbandgruben auf allen vier Seiten.

Die untern Gelenkköpfe aller Fingerglieder mit Ausnahme der letzten sind vierseitig, zweihügelig und ebenfalls mit vier Bandgruben versehen.

Das erste Glied des Daumens (δ δ) ist besonders dick, aber kurz, das des zweiten Fingers (ε ε) dünner und länger; das des dritten (ζ ζ) mit dem vorigen von gleicher Länge, aber etwas dünner; der vierte Finger ging beim Herausnehmen aus dem Gesteine verloren; das erste Glied des fünften Fingers (η η) hat oben eine breite, an das Pillenbein anschmiegende Gelenkfläche, ist dünn und kurz.

Das zweite Glied des Daumens und dessen Kralle (letztes Glied) sind verloren gegangen, vom zweiten Finger sind das zweite, dritte und vierte Glied (ε', ε'', ε'''), vom dritten Finger nur noch das zweite (ζ'), vom fünften kein weiteres Glied vorhanden. Das letzte Glied des zweiten Fingers (ε''') geht vorn zu einer Kralle aus. —

Die Hand von Crocodilus Ebertsi (Taf. XI, Fig. 17) ist kürzer und breiter als die des Alligator Darwini und, wie die Vergleichung der neben einander gestellten Zeichnungen augenscheinlich zeigt, in allen ihren Theilen von abweichender Bildung.

2. Der hintere Ring des Rumpfes vom Alligator Darwini besteht aus dem Heiligenbein, den Hüftbeinen, Sitzbeinen, Schambeinen, der knorpeligen Beckenplatte und ihren Knochen und Rippen, sammt den daran hängenden Hinterbeinen.

Das Heiligenbein, sowie die Knochen und Rippen an der Beckenplatte wurden schon früher beschrieben.

a. Das Hüftbein (Os Ilium).

Tafel IX. Fig. 2. linker Hüftknochen mit der Oberschenkelpfanne von aussen.

„ „ „ 2a, derselbe von innen mit dem Anheftezirkel für die Querfortsätze des Heiligenbeins.

„ „ „ 2b, derselbe von unten mit dem hintern Wirbel des Heiligenbeins.

„ „ „ 2c, derselbe von hinten, darunter 2d das Schambein von hinten.

Das Os ilium des Hüftbeins ist sehr zerbrechlich, so dass nur einige, beim Herausnehmen aus dem Gesteine in Stücke zerfallene wieder zusammengesetzt werden konnten. Ich besitze zwei grösstentheils erhaltene Exemplare (rechts und links) von demselben Thiere und mehrere grössere Fragmente von andern, mit deren Hülfe die Gestalt des hintern oder Beckenrings des Alligator Darwini in Fig. 1, Taf. IX construirt werden konnte.

Das in Fig. 2 abgebildete Hüftbein ist das linke eines noch ziemlich vollkommen ausgewachsenen Thieres, so gestellt, dass seine untere Kante nach oben und seine vordere Kante nach rechts liegt. — Es ist ein breiter, oben und hinten dünner, in der Mitte, vorn und unten verdichteter, im Innern grosszelliger Knochen, welcher entfernt einer Flussmuschelschaale ähnlich sieht. In die nach aussen gekehrte Fläche vertieft sich die Gelenkplasme für den Oberschenkelknochen. Sie endigt vorn in einen hohlen schmalen Gelenkkopf (e) für das Schambein und einem, nach kurzer Unterbrechung darauf folgenden, nach unten und hinten gerichteten (f) für das Sitzbein. Hinter der Pfanne für den Femur verlängert sich das Hüftbein noch zu einer S förmig gekrümmten Schaufel mit runzlicher Oberkante.

Auf der innern Seite des Knochens liegen unterhalb jener Schaufel, neben einem starken Rücken die Anheftstellen für die prismatischen Querfortsätze des Heiligenbeins, von welchen die vordere, in Fig. 2a mit γ bezeichnete, die längere ist, während die hintere (δ) kleiner, nur oben tiefnarbig, nach unten in eine concentrisch gestreifte Fläche ausläuft.

In der Fig. 1 versuchte ich den hintern Ring des Rumpfes aus den vorgefundenen Fragmenten aufzubauen. Am Heiligenbeine a fehlen die Bogen, deren Länge durch die Bruchstellen a' a' bezeichnet wird. Die Hüftbeine β sind mit ihren obern S förmigen Kanten dem Beschauer zugekehrt; vorn sind die Schambeine γ angefügt, welche mit ihren breiten Schaufeln an der knorpeligen Bauchplatte ansitzen, hinten liegen die Sitzbeine δ, welche sich an ihren untern Enden berühren.

Die Hüftbeine des Alligator Darwini sind kürzer und breiter als die des Crocodilus Ebertsi und nahern sich denen des Crocodilus vulgaris Cuvier.

b. Das Sitzbein (Os ischium).

Tafel IX. Fig. 4, Fragment des linksseitigen Sitzbeins mit dem Gelenkkopf von innern.

    „   „   „   4 a. dasselbe von hinten gesehen.

Der lange, schräg abgeschnittene Gelenkkopf hat eine vertiefte obere Fläche, nach aussen eine polster-förmige Verdickung, nach innen eine muldige Ausbuchtung, nach vorn eine schnabelförmige Verlängerung und nach hinten eine etwas tiefer gernlate kleine Facette. Dieser Gelenkkopf liegt sich an den mit β bezeichneten des Hüftbeins und ist damit durch starke Muskel verbunden gewesen. Unter dem Gelenke biegt sich das Sitzbein nach innen, verbreitert sich zu einer dünnen Schaufel, welche unserm Stücke fehlt.

Crocodilus Ebertsi hat ein kleineres Schambein, dessen Gelenkkopf schmäler ist als der des Alligator Darwini ist. Der Knochen zieht sich unter dem Gelenke mehr zusammen und gewinnt nach unten geringere Breite.

c. Das Schambein (Os pubis).

Tafel IX. Fig. 2d.

Die oben citirte Zeichnung ist nach einem, beim Herausmeisseln aus der Pyritkille verbrochenen Stücke entworfen, ich besitze Fragmente von vier andern Knochen der Art, welche bezeugen, dass die Gestalt im Allgemeinen der des Os pubis von Crocodilus Ebertsi gleicht, jedoch weit kräftigeren Bau besass.

d. Der Oberschenkel (Femur).

Tafel IX. Fig. 5, Fragment des rechten Oberschenkelknochens mit dem obern Gelenkkopfe von aussern.

   „   „   „   5a, dasselbe von innern.

   „   „   „   5b, dasselbe von vorn.

   „   „   „   5c, Gelenkkopf von oben.

Tafel X. Fig. 8, unterer Gelenkkopf des rechten Oberschenkelknochens von innen, a von aussern, b von hinten, c von vorn, d von unten.

Die Oberschenkelknochen des Alligator Darwini sind dick und schwer, mit enger Markröhre, umgekehrt S förmig und im Allgemeinen von ovalem Querschnitte. Der obere Gelenkkopf breit und dünn, hat nach aussen eine Anschwellung, ist vorn dicker als hinten, beiderseits abgerundet, tief gerunzelte Ansatzstellen der

Gelenkbänder machen sich rundum bemerklich. Unter dem Gelenkkopfe biegt sich die Röhre nach vorn und trägt eine wulstige Erhöhung, die Anmuskelstelle einer Sehne oder eines Muskels. Auf der gegenüberstehenden Kante des Knochens, sowie auf dessen Innenseite, sind noch drei solcher Muskelanheftstellen vertheilt, sie sind sämmtlich rauh. Nach unten krümmt sich die Röhre nnn rückwärts, verdünnt sich etwas, erreicht aber über dem untern Gelenkkopfe ihre grösste Breite, so dass der Knochen verdreht aussieht. Der untere Gelenkkopf ist zweiflügelig mit grösserm hintern Flügel und einer flachen vordern Bucht zwischen beiden Flügeln. Auch hier sind leistenförmige Erhöhungen als Haltpunkte für die Bänder; sowohl am untern wie am obern Gelenkkopfe gehen Gefässöffnungen nach dem Innern.

Der kleinere Oberschenkelknochen des Crocodilus Ebertei ist dem eben beschriebenen sehr ähnlich, auch von dem der lebenden Crocodilinen weicht er nicht wesentlich ab.

c, Der Unterschenkel des Alligator Darwini wird aus zwei Knochen gebildet, dem Schienbeine und dem Wadenbeine.

Das Schienbein (Tibia).

Tafel VI. Fig. 19, unterer Gelenkkopf der rechten Tibia von hinten, a von aussen, b von unten.
Tafel X. Fig. 1, Fragment der linken Tibia von einem jungen Thiere mit dem obern Gelenkkopfe von aussen, a von innen, b von hinten, c von vorn, d von oben.
„ „   „   2, ein solches von einem grössern Thiere mit dem untern Gelenkkopfe von aussen, a von innen, b von hinten, c von vorn, d von unten.

Das Schienbein beginnt oben mit einem breiten flachen Gelenkkopfe, sieht sich zu einer fast vierkantigen, dicken, mit engem Markcanale versehenen Röhre zusammen, welche sich nach unten rundet und zuletzt in einen zweihöckrigen schmalen Gelenkkopf ausgeht.

Die Figuren 1 a, b, c, d stellen den obern Gelenkkopf dieses Beines von einem jüngern Thiere in verschiedenen Ansichten dar. Die obere Fläche des Gelenks (1 d) hängt mit ihrer schmalen Seite vorn über und wird von einer flachen Rinne, in welche eine zweite sie kreuzende verlauft, diagonal durchfurcht. Hinten geht der Gelenkkopf gradlinig in den Röhrenknochen über.

Der einem grössern Thiere angehörige untere Gelenkkopf der Tibia, welchen ich in den Figuren 2 a, b, c, d in verschiedenen Ansichten abbildete, ist aus zwei Flügeln zusammengesetzt. Der eine ist steil nach oben gebogen, der andere kürzere geht in eine flacher gerichtete Facette aus. Zwischen beiden liegt eine tiefe Bucht. An dem obern, wie an dem untern Gelenkkopfe bemerkt man ebenfalls Anheftstellen der Bänder.

Ausser den abgebildeten besitze ich noch einige grössere Gelenkköpfe vom Femur.

Das auf Taf. VI, Fig. 19 a b dargestellte Fragment des untern Theils eines Schienbeins ist dem Litorinellenkalke von Mombach entnommen und wird im Museum zu Wiesbaden aufbewahrt.

Die Tibia des Crocodilus Ebertei ist kleiner als die des Alligator Darwini, ihr oberer Gelenkkopf schmaler, vorn spitzer und auf der obern Platte tiefer ausgefurcht. Der untere Gelenkkopf mehr zusammengedrückt mit kleinern Facetten.

Das Wadenbein (Fibula, Perone).

Tafel VI. Fig. 20, unterer Gelenkkopf des rechten Wadenbeins von aussen, a von unten, b von hinten
Tafel IX. Fig. 10, unterer Gelenkkopf eines Wadenbeines von der Seite, a von oben.

Das Wadenbein ist dünner als das Schienbein, rund, am untern Ende aber breit. Aus dem Messeler Funden gingen meistens nur Röhren hervor, weil die Gelenkköpfe von Pyrit zerfressen, bis auf einen, in

Fig. 10, Taf. IX abgebildeten zu Staub zerfielen. Aus dem Litorinellenkalke von Mombach liegt dagegen ein Fragment des Wadenbeins mit dem untern Gelenkkopfe (Taf. VI, Fig. 20) von bester Erhaltung vor.

Der untere Gelenkkopf ist schmal, etwas gekrümmt, rundum von Anheftstellen für die Bänder umgeben. Die Röhre mit engem Markcanale; der obere Gelenkkopf besteht aus einer seitlichen Facette, welche sich an das Schienbein anlegt.

f. Der Fuss.

Von den Füssen des Alligator Darwini hat Messel nur Bruchstücke geliefert. Von Mombach bewahrt das Museum zu Wiesbaden einen Astragalus auf.

Das Sprungbein (Astragalus).

Tafel V. Fig. 21, Astragalus des rechten Fusses von innen, a von aussen, b von unten, c von oben, d von vorn, e von hinten.

Das im Litorinellenkalke von Mombach aufgefundene Sprungbein entspricht der Grösse der daneben vorgekommenen Waden- und Schienbein-Fragmente. An dessen Körper (a, Fig. 21 b) sitzt ein langer nach aussen gerichteter Hals (β), welcher in eine trapezförmige flache Gelenkpfanne endigt, auf der sich das Wadenbein bewegt. Neben dem Halse verläuft eine Hohlkehle (δ) für ein Band. Die Gelenkpfanne für das Schienbein ist bei e angebracht. Der Astragalus des Crocodilus Ebertal ist abweichend gebildet, an der Seite der Hohlkehle ist noch ein Haken zur Anlenkung des Schienbeins angebracht, die trapezförmige Pfanne ist tiefer ausgehöhlt.

Das Fersenbein, Keilbein und Würfelbein des Alligator Darwini habe ich nicht aufgefunden; dagegen liegen Reste von Fusszehen vor,

Tafel VI. Fig. 22, Fragment des ersten Gliedes der zweiten Zehe mit dem untern Gelenkkopfe von der Seite, a Gelenkfläche von unten. b Gelenkkopf von innen.

Tafel IX. Fig. 6, die untern Gelenkköpfe dreier neben einander liegender Zehenfragmente.

" " " 7, Fragment des ersten Gliedes der vierten Zehe mit dem obern Gelenkkopfe von der Seite, a von oben.

" " " 8, Fragment des ersten Gliedes der ersten Zehe mit dem obern Gelenkkopfe von der Seite, a von oben.

Die sämmtlichen Fusszehen der Messeler Scelete von Alligator Darwini waren dergestalt von Pyrit eingehüllt, dass sie ganz zerstört und zur Abbildung ungeeignet waren, nur die Taf. IX abgebildeten Fragmente waren übrig geblieben. Sie sind den entsprechenden Knochen des Crocodilus Ebertal, welche sich in einem Exemplare des Fusses mehr wohl conservirt haben, ähnlich, nur von weit stärkerem Bau.

Das Taf. VI, Fig. 22 dargestellte Stück gehört zu den bei Mombach im Litorinellenkalke vorgefundenen Resten des rechten Hinterbeins von Alligator Darwini.

Die Hautknochen.

Der Alligator Darwini trug einen aus vielgestaltigen Hautknochen zusammengesetzten Panzer. Es gelang mir diejenigen Leibestheile, an welchen die verschiedenen Formen befestigt waren, aus der Lage der Schuppen gegen die Wirbelsäule und die Extremitäten der Scelete zu ermitteln; so dass namentlich auch die Form der Nuchal- und Cervicalpanzer wieder herzustellen war.

Die Hautknochen bestehen sämmtlich aus zwei Schichten, von denen die eine, aus einem Gewebe sich durchkreuzender Lamellen gebildete blättrige, nach innen gekehrt ist, während die obere oder äussere aus vielen sich berührenden Röhrchen besteht und einer porösen Knochenmasse ähnlich ist. Von oben wie von unten dringen Gefässcanäle in die Hautschuppen ein, ihre nach aussen gekehrte Fläche ist von mehr oder weniger tiefen rundlichen Gruben eingenommen, welche durch Canäle mit dem Innern in Verbindung stehen. Die Seitenränder der Hautknochen sind entweder glatt oder, wie die Suturen der Kopf- und Wirbelknochen, vielfach ausgezackt. Sie sind durch diese Nähte jedoch nur lose verbunden, so dass sie sämmtlich bei ihrem Wachsthume an den Rändern neue Substanz anfügen können.

a. Hautknochen vom Rücken (Dorsalpanzer).
Tafel XIV. Fig. 1, 2, 3, 4, 5.
Tafel XV. Fig. 8.
Tafel XVI. Fig. 1.

Unregelmässig parallelogrammatische schwach gebogene Tafeln mit zwei gekerbten kurzen, einer allmählich dünner werdenden glatten vordern und einer allmählich dünner auslaufenden grubigen hintern Langseite von 3,5 bis 4 cm. Länge, 2,4 bis 2,6 cm. Breite und 0,3 bis 0,5 cm. Dicke. Auf der obern grubigen Fläche macht sich ein von der vordern Seite ausgehender, schief nach hinten gerichteter Rücken bemerklich, welcher für die linke Seite des Körpers der rechten Seite der Schuppe genähert, für die rechte Körperseite der linken Schuppenseite näher beginnt, so dass hiernach die Körperseite, an welcher der Hautknochen sass, festgestellt werden kann.

Die Figuren 1 und 1 stellen Hautknochen von der rechten Seite des Rückens von oben dar. 1a und 4a bezeichnen deren Dicke und Krümmung. 1b und 4b sind Ansichten der seitlichen Nähte. Fig. 2 ist ein Hautknochen von der linken Rückenseite, 2a derselbe von der glatten Innenseite. Fig. 3 ein Hautknochen von der rechten Rückenseite aus zweiter Langsreihe. Diese Hautknochen bedeckten den Rücken der Thiere in vier Reihen, sie waren quer gegen den Körper durch die Nähte an ihren schmalen Seiten untereinander verbunden und lagen der Länge nach wie die Ziegeln eines Daches übereinander geschoben. (Taf. XIV, Fig. 5. zwei Langsreihen aus zwei Knochen der Mitte des Rückens entnommen in halber natürlicher Grösse. Taf. XV, Fig. 1, die vordere Hälfte eines Thieres, restaurirt.) Diese Hautknochen finden sich in grösserer Anzahl im Gesteine fest, wie Taf. XIV, Fig. 2, so dass sie abgelöst und in ursprünglicher Reihenfolge nebeneinander angeordnet werden können. Auch im Literinkalenkalke von Mombach und Weisenau bei Mainz, sowie in den Cerithienschichten und Cyrenenmergeln von Niederfürstheim kommen Rückenschuppen der Art vor, welche sich von denen des Crocodilus Ebertsi durch die Form des vordern glatten Randes unterscheiden. Bei Alligator Darwini ist dieser Rand etwas ausgeschweift, auch wohl gezahnt, bei Crocodilus Ebertsi mit einem Vorsprunge oder Kiele versehen, von welchem auf der Innenseite divergirende Linien auslaufen (Taf. XIV, Fig. 12).

b. Hautknochen vom Nacken.
Tafel VI. Fig. 18, Hautknochen vom Nackabschilde, rechte Platte von oben, a von unten, b von innen, c von aussen.

Tafel XIII. Fig. 5, Hautknochen vom Cervicalschilde von aussen, a Querschnitt, b die Nabt, c von unten.

" " " 6, ein anderer daher von aussen, a im Querschnitte.

" " " 20, ein Stück des Cervicalschildes zweimal vergrössert.

" " " 20a, dasselbe im Querbruche.

Ueber dem Atlas lagen zwei schmale, den Genickpanzer bildende Hautknochen, von denen einer auf Taf. VI, in Fig. 18 von verschiedenen Seiten abgebildet ist. Die beiden Knochen waren durch eine ganz kurze Naht (a) mit einander verbunden, wie sie Taf. XV, Fig. 1 angedeutet sind. Ob neben ihnen beiderseits noch ähnlich gestaltete Hautknochen lagen, war nicht zu ermitteln, der Nuchalpanzer kann also vorläufig nur als aus zwei Schuppen bestehend bestimmt werden.

Der Cervicalpanzer bestand aus mindestens fünf Hautknochen, wahrscheinlich in der Anordnung wie sie Taf. XV, Fig. 1 darstellt. Nach vorn zwei ungleichseitig dreieckige, in der Mitte eine Trapezfläche einschliessende Platten (Fig. 6), nach hinten zwei grosse Dreiecke mit einer abwärts gebogenen Spitze (Fig. 6). Von der in Fig. 6 abgebildeten Platte fand ich 4 grosse und 2 kleinere Exemplare, stets in der Nähe des Kopfes oder dicht hinter dem Nacken nächst des ersten Hücken- oder Lenden Halswirbels. Sie waren ohne Zweifel mit der dicken Naht (Fig. 5b) zusammengefügt, ihr Querschnitt zeigt eine starke Biegung nach unten, welcher die Leiste auf der obern Fläche entspricht. Auf der innern glatten Seite treten viele Gefässgänge nach innen. Ein Stück vom Rande dieser Platte habe ich in Fig. 20 und 20a zweimal vergrössert gezeichnet, um den Bau derselben deutlicher darzustellen. Aus den Gruben der obern Fläche sowohl, als auch von den Scheidewänden derselben aus, führen viele Gefässgänge in das Innere der porösen Schicht, von denen einige auch mit den Gefässgängen der untern Schicht in Verbindung stehen.

Der Cervicalpanzer des Alligator Darwini nähert sich in seiner Gestalt und Zusammensetzung dem des Crocodilus vulgaris Cuvier[*]; das Diplocynodon gracile Vaillant (ein Alligator) hatte ganz ähnliche Schilde, von welchen zwei noch zusammen hingen, wie die von L. Vaillant seiner oben citirten Abhandlung in den Annalen des Sciences geologiques von Hebert und Milne Edwards Vol. III, Paris 1873 gegebene Abbildung nachweist. Die Cervical- und Nuchalschilde von Crocodilus Eberti sind anders gebaut, namentlich haben die erstern eine grössere Anzahl von Platten, welche sich dachziegelartig decken.

c. Hautknochen vom Halse und von der Kehle.

Tafel XIII. Fig. 22, Panzerstück von der Seite des Halses von innen in natürlicher Grösse.

„ „ „ 23, ein solches von aussen in natürlicher Grösse.

Zwischen dem Nuchal-, Cervical- und Dorsalpanzer, sowie auf den Seiten des Halses und in der Kehle ist der Panzer aus einer Mosaik von unregelmässig geformten, mittelst schwacher Nähte untereinander verbundener Hautknochen von verschiedener Grösse gebildet, welche sämmtlich aussen eine oder mehrere Gruben haben und innen glatt sind. Die Figuren 22 und 23 stellen solche Stücke des Panzers von Alligator Darwini von innen und von aussen gesehen dar. In beiden Fällen ist eine Reihe grösserer Platten von vielen kleinern umgeben. Die Fig. 3, Taf. XV ist ein um die Hälfte verkleinertes Stück des Panzers, welcher zwischen den beiden Unterkieferästen beginnend die Kehle von Crocodilus Eberti schützte.

d. Hautknochen am Bauche (Ventralpanzer).

Tafel XIII. Fig. 7, schmaler vorderer Hautknochen des Ventralpanzers von aussen, a Naht von der kurzen Seite, b Naht der langen Seite, womit derselbe an das zweite Stück anschliesst.

„ „ „ 8, zweiter breiter an das vordere Stück anschliessender Hautknochen des Ventralpanzers von aussen, a Naht an der schmalen Seite, b untere Fläche.

---

[*] Im Museum der naturhistorischen Gesellschaft (Senkenbergischen Gesellschaft) zu Frankfurt am Main wird der Balg eines Crocodilus vulgaris Cuvier aufbewahrt, dessen erstes Cervicalschild aus fünf Schuppen, 3 kleineren und 2 grossen besteht. Ein anderer Balg von Crocodilus Sochus Geoffroy St. Hilaire hat dagegen ein kreissegmentförmiges Cervicalschild, welches aus 9 grössern und kleinern polygonalen Hautknochen besteht. Die Nuchalschilde des erstern sind zweimal drei bohnenförmige, die des letztern zweimal zwei ovale. Beide Exemplare brachte R. Rüppel aus Egypten.

Tafel XIII. Fig. 9, breites Stück eines Hautknochens vom hintern Theile des Bauches von aussen, b von innen.

„ „ „ 10, ein eben solches Stück aus derselben Gegend von aussen, a von der Seite.

„ „ „ 11, ein breites Stück vom vordern Körpertheile.

Tafel XIV. Fig. 6, Ventralpanzerstück aus fünf Reihen Hautknochen gebildet, halb der natürlichen Grösse, von aussen.

„ „ „ 7, ein anderes Stück des Panzers am Bauche von innen, nebst einer herabgerutschten Rückenpanzer-Schuppe. a Hälfte der natürlichen Grösse.

Die am Leibe und an den Weichen liegenden unmittelbar an den Dorsalpanzer anschliessenden Hautknochen sind von eigenthümlicher Construction welche sich auch bei Crocodilus Ebertii, Diplocynodon gracilis Vaillant und Crocodilus Hastingsensis H. v. Meyer*) findet. Die dachziegelartig übereinandergreifenden viereckigen Schuppen sind aus zwei der Länge nach durch eine Naht verbundenen Stücken gebildet. Das vordere schmälere Stück hat vorn eine glatte Fläche wie die Rückenschuppen, über welche sich der dünne hintere Rand der vorhergehenden Schuppe hinweglegt. Auf dem übrigen Theile dieser kurzen Schuppe liegen noch zwei Grubenreihen, alsdann folgt die Naht, durch welche sie mit dem längern Stück (Fig. 8) verbunden ist.

Die im Allgemeinen viereckigen Doppelschuppen sind nicht selten an den Ecken gerundet, enteckt, wodurch eckige oder rundliche Stellen entstehen, in welche sich entsprechende grosse Knochenplatten herablegen. Den Bau den Ventralpanzers verdeutlicht die in halber Grösse gegebene Darstellung eines aus fünf Längs- und vier Querreihen zusammengesetzten Stückes von der Aussenfläche gesehen (Taf. XIV. Fig. 6), sowie eines andern von der innern Fläche gesehenen Stückes (Fig. 7), in welchem die einzelnen Hautknochen noch so liegen, wie sie bei der Verwesung des Thieres sich verschoben hatten; es sind ebenfalls fünf Längsreihen aus der Beckengegend; oben bei a ist ein Hautknochen aus dem Dorsalpanzer herabgerutscht, bei β liegen Stücke von den von der Beckenplatte ausgehenden dünnen Rippen. Keine der den Bauchpanzer zusammensetzenden Platten hat eine kielförmige Erhöhung, sie sind aber nicht selten den Wölbungen des Bauches angemessen gekrümmt und nach hinten stets mit einem franzenartigen Rande voller kleiner Gruben versehen. —

Die hintern Stücke der Platten, Fig. 9 von aussen, a von innen dargestellt, deren zwei symmetrische neben einander lagen, fand ich dem Hintertheile des Körpers nahe; sie zeichnen sich durch ihre unregelmässige Gestalt, die nach hinten gehenden Zipfel, den vordern Ausschnitt und ihre Dicke aus.

Das gekrümmte, Fig. 10 von aussen, a von der Seite dargestellte Stück lag ebenfalls am hintern Theile des Körpers, während das Stück Fig 11 (11a von innen) mehr nach vorn am Körper befestigt war. Das letzte Stück bildet offenbar ein Kantenstück, welches nach der ausgezackten kurzen Seite hin in Berührung mit einer Knochenplatte sich befand, wie sie in den Figuren 27, 28, 29, 30 oder 31 abgebildet sind. Unter den Oberarmen und Oberschenkeln besteht der Panzer aus einer ähnlichen Mosaik von kleinen Hautknochen, wie in der Kehle.

e. Hautknochen der Extremitäten.

Tafel XIII. Fig. 12, Hautknochen von der äussern Fläche des Oberschenkels.

„ „ „ 13

„ „ „ 14 } Hautknochen von der äussern Fläche der Oberarme und Oberschenkel.

„ „ „ 15

„ „ „ 16

---

*) Palaeontographica von v. Meyer & Dunker, Band IV.

Tafel XIII. Fig. 17. Knochenhaut eines jüngern Thieres von aussen, a innere Fläche, b Querschnitt.

„ „ „ 18. Knochenhaut eines etwas ältern Thieres von aussen, a von innen, b Querschnitt, c von der Seite.

„ „ „ 19. Hautknochen am Ellenbogengelenk von aussen, a Querschnitt, b, c von den Seiten, d von innen.

„ „ „ 24 / 25 } Hautknochen vom Unterschenkel.

„ „ „ 26 a. b. c. d, Hautknochen von der Innern Fläche des Oberschenkel.

Tafel XIV. Fig. 9, Fragment eines Hautknochens vom Oberschenkel, a Seitenansicht.

„ „ „ 10, ein zweites derartiges Fragment, a Querprofil.

„ „ „ 10 a, ein drittes, b Seitenansicht.

Die an den Aussenflächen der obern Extremitäten befestigten, geschlossenen Panzer bildenden Hautknochen zeichnen sich durch ziemlich hohe Kiele aus, welche auf der Mitte derselben eine starke wulstige Verdickung bewirken und nach hinten allmählich verschwinden. Viele dieser Panzerplatten sind auf beiden Seiten mit Nähten versehen, es sind die, welche in der Mitte der Schenkel liegen (Taf. XIII, Fig. 12, 13, 14, 15), andere haben nur auf der einen Seite solche Nähte und sind auf der andern ausgezackt, es sind die, welche sich an die mosaikartigen Panzertheile an den innern Flächen der Schenkel anschliessen (Taf. XIV, Fig. 9 und 10). Die Panzertheile an der Innenfläche der Extremitäten bestehen aus Plättchen, wie Taf. XIII, Fig. 26 a, b, c, d. —

Die Panzerplatten auf den Unterarmen und Unterschenkeln besitzen mehr ovale Formen (Taf. XIII, Fig. 24 und 25), sie liegen in einer oder zwei Reihen in einer Mosaik kleiner Plättchen, welche sich auch über die Füsse und Zehen erstreckt.

An den Kuren der Hinterbeine stehen die dreiseitig pyramidalen Hautknochen (Taf. XIII, Fig. 17 und 18), an den Ellenbogen der Vorderbeine die in Fig. 19 dargestellten abgerundet dreiseitigen dicken Knochen.

f. Panzerknochen vom Schwanze.
Tafel XIII. Fig. 21 a und b.

Die in der Fig. 21 abgebildete Gruppe von lang elliptischen Hautknochen, sowie mehrere einzeln liegende von der Gestalt der Figuren 21 a und 21 b fand ich in der Nähe von Schwanzwirbeln. Da sie mit den Panzertheilen am Schwanze lebender Crocodilden viel Uebereinstimmendes besitzen, so glaube ich sie als Fragmente des Caudalpanzers von Alligator Darwini ansehen zu dürfen.

g. Einzelne Hautknochen.
Tafel XIII. Fig. 27, 28, 29, 30 und 31.

Die in den eben angeführten Figuren zur Darstellung gebrachten einzelnen Hautknochen bilden Theile des Panzers am Halse, vielleicht auch am hintern Theile des Körpers, in der Nähe der Afteröffnung und der Genitalien. Sie waren, wie ihre ausgezackten Ränder andeuten, von ähnlichen Formen grösserer und kleinerer Flächenausdehnung umgeben und bildeten Theile eines bizvamen Panzerstückes. Bei Fig. 27 a der Innern Seite ist die Gitterform des Gewebes der Innern Knochenplatte schön erkennbar.

Aus den gesammten Resten konnte ich das Skelet eines ausgewachsenen Alligator Darwini construiren, wie ich dies auf Taf. XVI, Fig. 1 in ein Verhältheil der natürlichen Grösse versucht habe.

Der Alligator Darwini, welchen ich dem allgemein- und hochverehrten Herrn Charles Darwin zu Ehren benannte, erscheint durch den Bau seines Kopfes, namentlich durch die im Oberkiefer eingesenkte Grube für den vierten Zahn des Unterkiefers, den Alligatoren verwandt, von denen er aber wieder durch die Größe des dritten Unterkieferzahnes verschieden erscheint. Der dritte und der vierte Zahn des Unterkiefers stehen bei Alligator Darwini so nahe zusammen, dass die ihre Alveolen trennende Scheidewand sehr dünn ist und kaum bis an den obern Rand des Zahnbeines heraufreicht. Diese Zahnbildung zeichnet auch die im untern Miocän von St. Gérand le Puy aufgefundenen, von Dr. Léon Vaillant beschriebenen Alligatoren, Diplocynodon gracile Vaillant und Diplocynodon Ratelli Pomel aus. Auch bei dem Alligator Hantoniensis Owen aus dem Eocän von Hordwell tritt dies ein. Ihr Kronbein des letztern ist viel stumpfer, die der beiden erstern weit spitzer als das des Alligator Darwini und dadurch wird diese neue Art als zwischen beiden in der Mitte stehend gekennzeichnet. Der Alligator gracilis (Diplocynodon gracile) Vaillant trägt ausserdem am Hauptstirnbeine unter den Augenhöhlen eine wulstförmige Erhöhung, welche dem Alligator Darwini fehlt.

Von den lebenden Alligatoren unterscheidet sich dieser fossile durch die Anordnung des Nuchal- und des ovalen Cervicalschildes, welche umgeben von vielen kleinen Hautknochen weit getrennt von dem Dorsalschilde abliegen, während bei den lebenden Alligatoren diese Schilde unmittelbar mit dem Dorsalschilde zusammenhängen.

Die Bepanzerung des Genicks und Nackens des Alligator Darwini nähert sich der des lebenden Crocodilus vulgaris Cuvier, auch die Cervicalplatte des Diplocynodon gracile Vaillant scheint damit überein zu stimmen. Die Platten des Bauchpanzers bestehen aus festen Knochen, was sowohl bei einigen lebenden Crocodiliden als Alligatoren vorkömmt.

Der Bau des ersten Wirbels (des Atlas) ist aber bei Alligator Darwini durch den Mangel des vierten als obere Bedeckung des Bogens dienenden Knochens von dem der Alligatoren und Crocodilia wesentlich unterschieden und nähert sich dem der Monitoren, auch der Bau des Epistropheus, abhängig von dem des Atlas, gestaltet sich ähnlich dem des Monitor. Die fünfzehligen Vorder- und die vierzehligen Hinterfüsse, der convex-convexen ersten Schwanzwirbel hat unser Alligator mit den lebenden Crocodiliden, den letztern auch dem Diplocynodon gracile Vaillant gemein.

Der Alligator Darwini bewohnte die Süsswasser-Lachen und -Flüsse, welche in den mit dem Mittelmeere zusammenhängenden Golf mündeten, in welchen sich die marinischen Sedimente des Oligocän von Mainz ablagerten. Reste von ihm wurden in den Meeressande von Alzey, in den Brackwasser- und Süsswasser-Schichten von Niederförsheim, Mombein und Weisenau, in den Süsswasserablagerungen von Gunstersheim im Westerwalde und von Messel bei Darmstadt gefunden. Aus dem im Text zur geologischen Kartensection Alzey *) entwickelten, auf das Vorkommen von Versteinerungen basirten Gründen muss ich diese Schichten als Facies einer geologischen Formation ansehen, welche gleichzeitig nur unter verschiedenen Umständen entstanden sind. Meine Auffassung wird durch die im vorjährigen Berichte der Senkenbergischen Gesellschaft mitgetheilten Arbeit des Herrn O. Böttger, über die Gliederung der Cyrenenmergelgruppe im Mainzer Becken, noch mehr bestätigt, indem durch diese die Anzahl der gleichzeitig im Sande von Alzey und in den marinen und brackischen Thonen, Mergeln und Sanden vorkommenden Schnecken und Muscheln um ein Beträchtliches vermehrt wird, während auch für jede Tiefenstufe jenes Meerbusens eine eigenthümliche Formen genannt werden.

---

*) Geol. Specialkarte des Grossherzogthums Hessen etc., herausgegeben vom mittelrheinischen geologischen Verein, Section Alzey, bearbeitet von R. Ludwig, Darmstadt bei Jonghaus.

2. Gattung Crocodilus Cuvier.

Zähne ungleich, in jeder Zahnlade wenigstens 15, der erste des Unterkiefers in eine Höhle des Zwischenkiefers, der vierte aber in eine Nische aussen am Zwischenkiefer und Oberkiefer hereinragend.

1. Crocodilus Ebertsi Ludwig.

Der Kopf hoch mit langer und breiter parabolischer Schnauze. Länge des Kopfes zur grössten Breite hinter dem Genicke ungefähr wie 7 : 4; Nase mit zwei durch eine knöcherne Scheidewand getrennten Löchern, welche mit langen sich hinten im Gaumen öffnenden Röhren in Verbindung stehen; Ausmündungen nach der Mundhöhle, auch vorn in der Schnauze. Nasenbein zwischen die Intermaxillarhälften bis zur Nasenscheidewand hereinreichend. Im Oberkiefer jederseits 17, im Unterkiefer jederseits 16 Zähne. Hauptstirnbein gewölbt, Parietalplatte nach hinten ausgebreitet, die Zitzenbeine lang und spitzwinklig auslaufend, die Ohröffnungen oval, nach vorn zusammengezogen (birnförmig). Unterkiefer vorn durch eine starke Naht aus zwei Hälften verbunden. Zähne längsgestreift, dunkel gefärbt, die weissen Wurzeln längsgefaltet mit einer seitlichen Oeffnung zum Eintritt des jungen Zahnes aus der neben der Alveole liegenden Nische in die Höhlung der Wurzel. Alle Kopfknochen mit tiefen Gruben.

Nackenpanzer aus mehreren (wahrscheinlich zwei mal zwei) sich nicht berührenden, länger als breiten höckerförmigen Hautknochen gebildet.

Das Cervicalschild ist oval und besteht aus sechs (zwei mal drei), wie Dachziegeln übereinandergreifenden grossen dreieckigen, gebogenen, tiefgrubigen Hautknochen. Nuchal- und Cervicalschilde liegen isolirt zwischen einem aus vielen kleinen unregelmässigen Stücken zusammengesetzten Panzer, getrennt vom Rückenpanzer, welcher aus vier Längsreihen schlanger, dachziegelartig übereinanderliegender Hautknochen besteht. Der Bauchpanzer ist ebenfalls aus viereckigen Hautknochen gebildet, deren jeder aus zwei Theilen mittelst einer Naht zusammengesetzt ist.

Die Oberarme und Oberschenkel sind stark gekrümmt, der Vorderfuss fünf-, der Hinterfuss vierzehig. Die Länge des Thieres etwa 1,70 Meter.

Der Kopf

Tafel I. Fig. 3, die Schnauze von oben.
"   "   " 4, dieselbe von unten.
"   "   " 5, dieselbe von der linken Seite.
"   "   " 6, Fragment aus dem vordern Theile der untern Zahnlade.
"   "   " 7, ein anderes Fragment des Unterkiefers mit 5 Alveolen und den neu entstandenen Zähnen.
"   "   " 8, vier Alveolen im Unterkiefer einundeinhalbmal vergrössert mit den Gefässgängen.
"   "   " 9, Querschnitt des Unterkiefers einundeinhalbmal vergrössert.
"   "   " 10, Querschnitt desselben einundeinhalbmal vergrössert.
"   "   " 11a bis f, grosser Zahn in verschiedenen Ansichten, nebst dem darin steckenden Ersatzzahne von Mexzel.
"   "   " 11g und h, gleiche Zähne ohne Wurzel aus dem Litoralkenkalke von Weissenau,
"   "   " 12, zweiter Zahn des Unterkiefers von a bis e'' in verschiedenen Ansichten.
"   "   " 12b bis b'', zwölfter Zahn des Unterkiefers.
"   "   " 12c bis c'', dreizehnter Zahn desselben.

Tafel II. Fig. 1, zerbrochener und verschobener Kopf.

„ „ „ 2, Bruchstück des Unter- und Oberkiefers von innen.

„ „ „ 3, Querschnitt des Oberkiefers.

Tafel III. Fig. 1, Hinterhauptbein, 1a dasselbe ohne Gelenkkopf.

„ „ „ 2, dasselbe von der Seite.

„ „ „ 3, dasselbe von oben.

„ „ „ 4, Bruchstück von einem andern (Genick).

„ „ „ 5, Nasenröhre und Nase im Längendurchschnitte.

„ „ „ 6a, rechtes Nasenloch, Rückseite.

„ „ „ 5b, dasselbe von oben.

„ „ „ 6c, Oberkieferbruchstück von der Seite.

„ „ „ 5d, dasselbe von unten.

„ „ „ 6, aus den Bruchstücken construirter Längendurchschnitt des Kopfes.

„ „ „ 14, Fragment des rechten Unterkiefers aus der Gegend des zehnten und elften Zahnes von aussen, 14a von oben, aus dem LiterineBeuhöhle von Weisenau.

Tafel IV. Fig. 1, Unterkiefer, vorderes Stück von oben.

„ „ „ 2, derselbe von der linken Seite.

„ „ „ 3, Fragment des Hinterkopfes, Flügelbein, Querbein, Nasenrohr.

„ „ „ 4, Querbein von der Seite.

„ „ „ 5, rechtsseitiger Gelenkkopf des Oberkiefers, Seitenansicht, 5a von hinten.

„ „ „ 6, Gelenkpfanne des rechten Unterkiefers von oben.

„ „ „ 7, Hauptstirnbein von aussen, 7b von innen.

„ „ „ 8, Wirbelkörper des Epistropheus von der linken Seite, a von unten, b von vorn, c von hinten.

„ „ „ 9, Hälfte des Hinterkopfes, construirt.

Tafel V. Fig. 24, Fragment aus dem hintern Theile des linken Unterkiefers von aussen.

Der Kopf, welcher auf Taf. II, in Fig. 1 dargestellt wurde, war schon zerbrochen und verschoben, ehe er in den Schlamm des Flusses eingebettet war. Seine innern Höhlungen enthielten hineingetriebene Hals- und Rückenwirbel, Hautknochen vom Nackenschilde, vom Höcker und vom Halse, die rechte Seite des Oberschädels ist nach der linken Seite und der Hinterkopf nach vorn geschoben und zugleich zerbrochen und zerquetscht, auch das Gaumenbein und die Flügelbeine zerdrückt und verschoben. Alle innern Höhlungen, sowie die Aussenfläche waren dazu noch von Pyrit eingehüllt. Dennoch giebt das Exemplar noch von allen aufgefundenen die klarste Ansicht von der Kopfbildung des Crocodilus Ebertsi.

Die Schnauze ist vorn an die beiden, durch eine niedrige knöcherne Scheidewand getrennten, sich nach unten trichterförmig verengenden Nasenlöcher etwas aufgetrieben, vorn stumpf abgerundet (Taf. I, Fig. 3, 4, 5). Das Nasenbein reicht mit einer Spitze in den Zwischenkiefer herein, welcher sich im Rachen durch eine grade Naht mit dem Oberkiefer verbindet, der wiederum durch eine, nur am Wenigen in der Mitte ausgebuchtete Naht mit dem Gaumenbein vereinigt ist. Wo sich der Zwischenkiefer mit dem Oberkiefer durch eine Naht verbindet, ist beiderseits eine tiefe bis auf Oberfläche fortsetzende Nische eingetieft, in welche der dritte und vierte Zahn des Unterkiefers sich aussen sichtbar hereinlegen (Taf. III, Fig. 5c, und 5d, a).

Die Nase (Taf. III, Fig. 5, 5a, 5b) besteht aus einer grossen Grube, aus welcher zwei rundliche Oeffnungen (dd) in die Nackenhöhle gehen und welche durch eine horizontale Scheidewand (c), die am besten in Fig. 5a ersichtlich wird, in zwei Etagen getheilt erscheint. Die Fig. 5 ist eine Längenansicht des rechten

Nasenlochen nach Hinwegnahme der Scheidewand im Nasenloche und in der Nasenröhre, Fig. 5a die Ansicht der Nase nach Hinwegnahme ihres vordern Theiles von vorn, Fig. 5b die Ansicht des rechten Nasenlochen von oben mit der nur bis zur horizontalen reichenden senkrechten Scheidewand (5). Aus der untern Abtheilung der Nase gehen zwei Oeffnungen (y) in die Nasenröhre. über der Scheidewand (5), auf jeder Seite der senkrechten Wand (5) gewrllen sich dazu zwei kleinere (β), neben denen ein Gefässcanal (na) die Seitenwande der Nasenlöcher durchbohrt. Die horizontale Scheidewand 5 ist nach vorn durchbrochen, wie sich aus Fig. 5 ergiebt. Die Nasenröhre erweitert sich nach hinten und endigt endlich im Gaumen in den sogenannten Choanen. Die Nähte der diese doppelte Röhre einschliessenden Knochen sind in Fig. 5 zur Darstellung gebracht; die Choanen werden nebst einem kurzen Stücke der Nasenröhren c in Fig. 3, Taf. IV gezeichnet. In den Nasencanälen bemerkt man hinten länglich ovale Vertiefungen, welche wahrscheinlich die gleiche Bestimmung, wie die ähnlichen bei dem Alligator Darwini beobachteten, mit den grossen Zellen in den vordern Nasencanälen zusammenhängenden hatten.

In dem Zwischenkiefer sitzen jederseits drei Zähne, welche über den Unterkiefer übergreifen. Dem ersten folgt eine tiefe Grube zur Aufnahme des ersten grossen Reiszahnes des Unterkiefers, dann noch zwei mittelgrosse Zähne im Zwischenkiefer und da, wo sich dieser mit dem Oberkiefer vereinigt, die Nische zur Aufnahme der beiden grossen Eckzähne des Unterkiefers. Es folgen nun zwei kleine Zähne, hinter und zwischen welchen eine nach innen geöffnete Grube für einen Unterkieferzahn, abermals eine solche und dann, auf einer Anschwellung, zwei grosse Eckzähne, welche in eine äussere Nische des Unterkiefers zu liegen kommen. Hinter diesen befindet sich nach innen wieder eine Grube für einen Unterkieferzahn und in der Reihe der Zähne nach dem zweiten grossen Eckzahne nochmals eine solche. Darauf folgen im Oberkiefer: ein kleiner Zahn, eine tiefe Grube, ein kleiner Zahn, eine tiefe Grube, ein kleiner Zahn, eine mehr nach innen gerückte Grube, ein mittelgrosser Zahn, eine Grube nach innen, ein mittelgrosser Zahn, eine Grube nach innen, endlich noch fünf allmählich kleiner werdende Zähne, von welchen der erste zwischen und vor den entsprechenden Unterkieferzähnen noch eine flache Grube hat, während die vier andern nicht bis zum Unterkiefer herabreichen. Die Figuren 5, Tafel I und 5d, Tafel III geben Aufschluss über diese Anordnung, in letzterer wurden die Gruben für die Unterkieferzähne durch * kenntlich gemacht.

Im Oberkiefer befinden sich mehrere Canäle für Gefässe und Nerven, welche sich endlich in den Zahnalveolen vertästeln. Diese Canäle habe ich in Fig. 2, Taf. II abgebildet. Das Stück enthält Theile des Ober- und Unterkiefers, nach vorn und hinten zerbrochen, aussen von Pyrit umhüllt, von der Innenseite sichtbar. Die innere Bedeckung des Oberkiefers zum Theil abgebrochen, so dass die Alveolen durchschnitten sind. Die vordern Zähne sind herausgefallen, hinten stecken noch einige sammt den Ersatzzähnen darin. Bei a tritt ein Gefässgang in den Knochen, welcher bei a' und a'' wieder sichtbar, überall oberhalb der Alveolen her offen ist und im Querschnitte des Kiefers (Fig. 3) ebenfalls mit a bezeichnet wurde. Von ihm zweigen sich viele engere Canäle nach der Alveole ab und verästeln sich daselbst ganz so wie bei dem Alligator Darwini Ludwig (vergl. Taf. VI. Fig. 22).

Von dem Hauptcanale a gehen Aeste zu einem engern, auf der Aussenseite der Alveolen liegenden c herab, welcher ebenfalls durch feine Röhrchen mit den Alveolen communicirt. Innen liegt parallel mit a und c ein weiter Canal d, aus dem Verbindungsröhrchen nach den Nischen verlaufen, worin die Zahnkeime gebildet werden und andere nach höher gelegenen Theilen der Alveolen abzweigen. Neben jedem Zahne tritt von dem Canale d ein Canal ζ in die Mundhöhle aus, wie auch aus den Verbindungscanälen zwischen a und c neben jedem Zahne eine Oeffnung e' nach aussen führt.

Der Unterkiefer ist aus zwei starken und hohen Aesten gebildet, welche, vorn durch eine Naht zusammen verbunden, aus den Zahnbeinen, Winkelbeinen, Deckelbeinen, Ergänzung der Winkelbeine und den Gelenkpfannen bestehen. Sie haben am Ende des Zahnbeines jederseits ein Loch von spitzovaler Form, welches mit dem weiten innern Canale in Verbindung steht und dem ein engeres, im Deckelbeine angebrachtes Loch entspricht. Der grosse Canal δ (Taf. II, Fig. 2), anfangs hoch und flach, wird nach vorn niedriger und spaltet sich unterhalb des zwölften oder dreizehnten Zahnes in zwei Theile, deren einer gradfortsetzend bis zur Naht an der Unterkiefersspitze reicht, während der andere (δ) sich nach der Aussenseite des Kiefers wendet und sich erst in der Alveole des ersten Zahnes verliert. Auf der innern Seite der Alveoln liegt endlich noch der dritte Canal (γ). Die beiden Figuren 9 und 10, Taf. I sind Querschnitte eines Unterkiefers, linienmässig vergrössert. α der grosse Canal, β der davon abgezweigte engere, an der Aussenfläche des Kiefers, β' eine davon nach unten, β'' eine nach oben führende Oeffnung, γ der innere, an den Zahnkeim-Nischen vorüberführende Canal, γ' eine von ihm in die Rachenhöhle abzweigendes Canälchen, δ das Deckelbein.

Die Art und Weise der Vertheilung der Gefässe in den Alveolen des Zahnbeines am Unterkiefer veranschaulicht die vergrössert gezeichnete Fig. 8, Taf. I, wo sich namentlich auch die Durchbohrung der Scheidewände zwischen den Alveolen darstellt, so dass sämmtliche Zahngruben ein vielfach verzweigt zusammenhängendes Ernährungssystem besitzen. — In der untern Kinnlade sitzen die Zähne in jeder Hälfte in folgender Ordnung, wie die Figuren 5, Taf. I und 1 und 2, Taf. IV zeigen. Ein langer Zahn, welcher sich in einer Grube des Zwischenkiefers verbirgt, ein kurzer Zahn, zwei lange Zähne, in eine Nische aussen am Oberkiefer sich einlegend, vier kurze Zähne, die mit ihren Spitzen in Gruben hinter den Zähnen des Oberkiefers eindringen, vier Zähne von mittlerer Länge, welche zwischen und hinter den Zähnen im Oberkiefer ihre Gruben besitzen, drei weniger lange, deren Spitzen hinter den Zähnen des Oberkiefers sehr flache Gruben haben und endlich ein kurzer Zahn, zusammen sechszehn Zähne.

Das Gebiss ordnet sich also in beiden Kiefern auf jeder Seite wie folgt:

Oberkiefer: 3 mittellange, 2 kurze, 2 lange, 3 kurze, 5 mittellange, 2 kurze   = 17.
Unterkiefer: 1 langer, 1 kurzer, 2 lange, 4 kurze, 4 mittellange, 3 weniger lange, 1 kurzer = 16.

Die Alveolen öffnen sich an ihrem Boden in nach der innern Wand des Kiefers gelegenen Nischen, in denen die Zahnkeime gebildet und alsdann durch entsprechende Auschnitte in den untern Theilen der Zahnwurzeln in das Innere der letztern geschoben werden (vergl. Fig. 6 und 7, Taf. I).

Die Zähne des Crocodilus Ebertsi sind im Querschnitte zusammengedrückt, oval, auf beiden Seiten scharfkantig, der Länge nach camelirt und nach innen gebogen. Ihre Farbe ist dunkelbraun, ihr Schmelz glatt und glänzend, ihre lange Wurzel, ebenfalls gefaltet, weiss, hohl und nach innen mit einem Ausschnitte versehen.

Taf. I, Fig. 11 der erste Zahn des Unterkiefers, a von innen, b von der Seite, c von aussen, d darin steckender Ersatzzahn von der Seite, e von aussen, f vergrösserter Querschnitt (von Messel), g ein Vorderzahn aus dem Zwischenkiefer, ohne Wurzel (aus dem Litorinellenkalke von Weisenau), h ein Unterkieferzahn, ebenfalls ohne Wurzel (vom gleichen Fundorte).

Fig. 12a kleinster (zweiter) Zahn aus dem Unterkiefer, b zwölfter und c dreizehnter Zahn des Unterkiefers, je von drei Seiten, c'' der letztere im Längenschnitte mit der innern Höhlung.

Der Hinterkopf des Crocodilus Ebertsi ist bei allen aufgefundenen Exemplaren sehr zerstört, doch gelang es in den verschobenen Stücke (Taf. II, Fig. 1), in dem Hinterhauptbeine (Taf. III, Fig. 1, 2, 3, 4) und den Fragmenten (Taf. IV, Fig. 3, 4, 5, 6, 7) eine hinlänglich vollständige Einsicht in den Bau des Hinterhauptes zu erlangen, so dass davon in den Figuren 6, Taf. III und 9, Taf. IV Durchschnitte und Ansichten construirt werden konnten.

Die Flügelbeine a in Fig. 3, Taf. IV zeigen sich stark nach hinten, sind mit dem die hintern Nasenröhre bildenden Gaumenbeine verwachsen und schliessen beiderseits an die Querbeine b, von denen das linke in Fig. 4 in Seitenansicht dargestellt wurde, an.

Das Hinterhauptbein (Taf. III, Fig. 1, 2, 3, 4) besitze ich in einem ziemlich gut conservirten Fragment (Fig. 1, 2, 3) und in mehreren Umhüllungen, wovon Fig. 4 das Genick, während der Rest den Körper des Knochens mit seinen innern Canälen umfasst, sowie endlich auch mit der Parietalplatte, dem Schuppenbeine und dem Paukenbeine vereinigt in Fig. 1, Taf. II. Dieser Knochen ist aus vielen Stücken welche durch flacher oder tiefer ausgezackte Symphysen verbunden sind, zusammengesetzt. Die oben angezogenen Abbildungen, von denen Fig. 1, Taf. III das Hinterhauptbein von aussen, Fig. 2 von der rechten Seite, Fig. 3 von oben mit zum Theil abgetragenem obern Theile, Fig. 4 einen Genickknochen allein und Fig. 1a den mittlern und untern Theil ohne Genick darstellt; beigesetzte Buchstaben bezeichnen überall dieselben Theile.

Das obere Hinterhauptbein γ, welches sich an die Parietalplatte anschmiegt, enthält das Rückenmarksloch (Foramen magnum) σ, unter welchem das Genick β ansitzt, indem es mittelst einer flach welligen Naht (α, Fig. 1a) mit dem Hauptstücke des Beines zusammenhängt. Das Genick ist deutlich in zwei Hälften getheilt (Fig. 1 und 3) und endigt in einen abgerundeten Gelenkkopf. Beiderseits vom Rückenmarksloche liegen je vier Durchbrechungen des obern Hinterhauptbeines (λ, λ', λ'' und ϑ), deren Verlauf auch aus Fig. 2 und 3 ersichtlich ist. Das Foramen λ tritt alsbald in das Foramen magnum ein, welches sich noch der Gehirnhöhle hin erweitert und senkt, und scheint für den Austritt des Nervus hypoglossus bestimmt zu sein. Der Gefässgang σ diente wohl zum Eintritt eines Zweiges der Carotis, er senkt sich auf der Innenseite des Knochens nach der Gehirnhöhle herab. Er gibt einen Ast σ' ab, der das Genickbein (Fig. 4) durchbohrt und mit dem anderseitigen Canale σ wieder zusammentritt. (Sella turcica?) Das Foramen λ' geht ebenfalls in etwas höherer Lage nach der Hirnhöhle und ist vielleicht für den Nervus vagus bestimmt. Der kleine Auslass λ'', welcher mit λ und λ' ein Dreieck bildet, sowie der unter σ auf der Naht zwischen dem Genickbein und dem Mitteltheil des Hinterhauptbeines befindliche Auslass gehen ebenfalls von der Gehirnhöhle aus.

Der mittlere Theil des Hinterhauptbeines besteht aus zwei conentrischen Knochen, deren sich das untere Hinterhauptbein ε, ebenfalls aus zwei Knochen zusammengesetzt, anfügt (Fig. 1a). Der mittlere Theil δ ist von mehreren grossen Höhlungen eingenommen, welche untereinander und mit den mit ϑ ϑ, ζ und ζ' bezeichneten Auslässen in Verbindung stehen. Nach dem Innern des Kopfes verschmälert sich das untere Hinterhauptbein bis zu einer scharfen Kante, während sich das mittlere mit der Hirnschaale vereinigt. Bei ζ vereinigen sich die von den Auslässen ϑ und η ausgehenden glattflächigen Gräben mit dem Nasencanale und der Gaumenhöhlung. Die Parietalplatte ist, wie das Bruchstück Taf. II, Fig. 1 vermuthen lässt, eben und besteht aus dem ziemlich breiten Scheitelbeine und dem in spitzen Winkel auslaufenden Zitzenbeinen, an welche sich seitlich die Schläfenbeine anschmiegen. Im Scheitelbeine sind nach unten auseinandergehend zwei Oeffnungen von Birnform (die Ohröffnungen). Das Hauptstirnbein (Taf. IV, Fig. 7 von innen, 7a von aussen) ist dem Scheitelbeine entsprechend oben sehr breit, senkt sich zwischen den Augen stark zusammen und ist flach gewölbt (nicht eingedrückt, wie das von Alligator Darwini). Die an den Paukenbeinen sitzenden Gelenkköpfe des Hauptes (Taf. IV, Fig. 5 und 5a, Taf. II, Fig. 1) sind doppelt gekrümmt, lang und schmal und entsprechen den Pfannen an den Winkelbeinen des Unterkiefers (Taf. IV, Fig. 6), welche ebenfalls schmal und lang, eine tiefe Hohlkehle besitzen und nach hinten in einen langen schmalen Fortsatz angeben. Aus den einzelnen Stücken des Kopfes versuchte ich auf Taf. IV in Fig. 9 eine Ansicht desselben von hinten und auf Taf. III in Fig. 6 einen Längendurchschnitt durch die Mitte herzustellen, um ein ungefähres Bild des Kopfes zur Anschauung zu bringen.

In Fig. 14 und 14a ist das einzige Bruchstück eines Unterkiefers von Crocodilus Ebertsi, welches aus dem Litorinellenkalke von Welsenau bekannt ist und im Museum zu Wiesbaden aufbewahrt wird, abgebildet. Das Unterkiefer-Fragment Taf. V. Fig. 24 ist durch die Deutlichkeit der äussern Sculptur der Kopfknochen von Crocodilus Ebertsi ausgezeichnet und aus diesem Grunde der Fig. 15, einem Unterkiefer-Fragment von Alligator Darwini, entgegengestellt. Die Gruben in Fig. 24 sind in kürzern Gruben und mehr kreisförmig von punktfeinen Oeffnungen umgeben, die von Fig. 15 oval in langen Gruben von feinsten Nebläsen begleitet.

Die Wirbelsäule.

Die Knochenstructur der Wirbelkörper zeichnet sich durch grosse Zellen aus, welche durch Canäle und punktfeine Oeffnungen in ihren dünnen Scheidewänden in Verbindung stehen. Aus dem Rückenmarkcanale führen zwei nebeneinander liegende Eingangsöffnungen in diese Zellen herein, welche umgeben sind von feinblasigem Knochen, der in den Aussenflächen der Körper dicht und structurlos wird.

Die Fig. 19a stellt einen Halswirbel, 19b einen Rückenwirbel im horizontalen Durchschnitte dar, wobei sich zeigt, wie die grossen Zellen sich um die Mittellinie gruppiren und wie sie nach unten in engere Kammern verlaufen, Fig. 19c ist der verticale Querschnitt eines Halswirbels mit einer sternförmigen mittlern Zelle, woraus nach hinten und vorn engere (dunkel angelegte) abzweigen, während die Scheidewand von feinen Löchlein punktirt erscheint. Fig. 19d stellt den vergrösserten verticalen Querschnitt eines Rückenwirbels vor, Fig. 19e endlich den verticalen Längsschnitt eines solchen in natürlicher Grösse. Die weiten Kammern mögen wohl Mark oder Fett enthalten haben.

a. Der Atlas.

Tafel VI. Fig. 24, der Körper des Atlas von oben, a von unten, b von hinten, c von der linken Seite, d von vorn.

„   „   „ 25, Fragment vom Bogen des Atlas von oben, a von innen.

Ich besitze die Wirbelkörper des Atlas von zwei verschiedenen alten Thieren, vom Bogen desselben jedoch nur ein Bruchstück. Der Wirbelkörper hat vorn eine flache kreisrunde Planse (d), an die nach oben zwei starke Knoten mit Facetten angefügt sind, welche zur Anheftung zweier flacher Rippen dienen. Auf der Unterfläche des Körpers liegt vorn ein Polster mit einer Gefässcanalöffnung. An den beiden Seiten stützen blaten wiederum zwei kleinere Facetten an, wodurch der Körper eine in der Mitte etwas ausgebuchtete und hinten zusammengedrückte niedrigere Gestalt gewinnt.

Von dem Bogen des Atlas hat sich nur ein Bruchstück erhalten, welches von dem obern Theile der linken Seite herzurühren scheint. Es ist eine spatelförmige Platte mit einem langen Stiel, welcher in eine glatte Fläche endigend und nach aussen wohl eine, die Seite des Rückenmarkjochers bildende Fortsetzung hatte. Mit der glatten Fläche mochte sich das Stück an den Bogen des Epistropheus anlehnen, mit der abwärts gerichteten auf die horizontale Facette des hintern Knotens am Wirbelkörper stützen. Innen ist die spatelförmige Fläche durch eine dünne Leiste verstärkt, auch auf der obern Fläche mit einer niedrigen, der Länge nach gekrümmten Erhöhung versehen, an welche sich vielleicht das verloren gegangene vierte Stück des Atlas, die Decke, legte.

b. Der Epistropheus.

Tafel IV. Fig. 8, Wirbelkörper des Epistropheus von der linken Seite, a von unten, b von vorn, c von hinten.
„ VI. „ 26, Wirbelkörper des Epistropheus von der linken Seite, a von unten, b von vorn, c von hinten.
„ VIII. „ 12, Wirbelkörper von der linken Seite, a von unten, b von vorn.

Ich besitze die Wirbelkörper der Axis von drei Thieren verschiedenen Alters von 2.0 bis 2,3 cm. Länge. Wirbelkörper vorn ungleich. flachseitig mit zwei eingebogenen Seiten und zwei abgerundeten Ecken (rappenschildförmig), plattflächig. hinten fast dreiseitig mit halbkegelförmigem Gelenkkopfe, in der Mitte im Querschnitte spitz dreiseitig. Unten, nicht am vordern Ende mit niedrigem bis aber die Mitte reichenden Kiel ohne Facetten für Rippenköpfe. Der Bogen, durch zackige Suturen mit dem Körper verbunden, reicht von dem einen Ende desselben zum andern (er ist aber bei allen Stücken beim Herausnehmen aus dem Gesteine verloren gegangen).

Der Wirbelkörper Taf. VIII, Fig. 12 wurde im Litorinellenkalke von Weisenau gefunden (Museum zu Mainz).

Die beiden ersten Halswirbel dieses fossilen Crocodils weichen entschieden von denen lebender Crocodilliden ab. Dem Epistropheus fehlt das bei lebenden damit verbundene Wirbelkörperstück des Atlas, welches vielmehr für sich allein einen starken Knochen darstellt. Am Epistropheuskörper sassen keine seitlichen Rippen an.

c. Die fünf Halswirbel.

Tafel VII Fig. 8, der dritte Halswirbel mit den anhängenden Rippen von hinten. 8a von vorn, 8b von der rechten Seite, ohne Rippen, 8c von unten.
„ „ 8d, ein kleinerer Halswirbel (der fünfte) mit einer Rippe von unten, 8e Fragment (Wirbelkörper) von unten, 8f denselben von vorn.
„ „ 8g, ein sehr schmaler Wirbelkörper von unten.

Die Halswirbel sind concav-convex mit hohem Bogen, an welchem ein schmaler, hoher, geradestehender Kamm, zwei vordere und zwei hintere, mit ihren ebenen Facetten steil (in Winkeln von etwa 45°) aufgerichtete Gelenkansätze und jederseits ein nach unten geneigter Querfortsatz mit einer Facette für den langen Gelenkkopf der zweispaltigen Halsrippen befestigt sind. Das Rückenmarkloch gross. Der Körper vorn und hinten fast kreisrund, oben abgedacht, ist in der Mitte zusammengezogen verdünnt, hat vorn auf der Unterfläche einen starken Knoten, welcher zwischen zwei seitlichen langen, nach hinten geneigt stehenden Querfortsätzen steht, an welche sich die kurzen Gelenkköpfe der zweispaltigen Halsrippen setzen.

d. Die Dorsalwirbel.

Tafel VII. Fig. 4, zweiter Rückenwirbel von hinten, a von vorn.
„ „ 5, zweiter, dritter und vierter Rückenwirbel von einem andern Thiere von der rechten Seite.
„ „ 6, der siebente Dorsalwirbel von hinten, 6a von vorn, 6b von oben, 6c von der linken Seite.
„ „ 6d, ein verkümmerter Wirbel der Art von der linken Seite, 6e von vorn.
„ „ 7, der zweite bis neunte Dorsalwirbel von unten, daneben Rippen, Schlüsselbein, Hautknochen.
Tafel VIII. Fig. 1, dieselben Wirbel in gerader Linie mit beiderseitigen Querfortsätzen zusammengestellt.
„ „ 2, sechster Rückenwirbel von vorn, 2a von der rechten Seite. 2b von hinten.
„ „ 3, achter Rückenwirbel von vorn, a von hinten, b von der linken Seite.
„ „ 4, Querfortsätze von den Bögen des zehnten und elften Rückenwirbels, rechte Seite von oben.
„ „ 5, zwölfter Rückenwirbel von vorn, a von hinten.

Es war gelungen, einen beträchtlichen Theil des Rumpfes von Crocodilus Ebertsi aus dem Gesteine zu befreien, dabei ging allerdings der erste Dorsalwirbel verloren, der zweite und elfte zerfielen, aber die vom zweiten bis untersten konnten von ihrer untern Seite, so wie ich sie in Fig. 7, Taf. VII abgebildet habe, nebst den Rippen, zwei Schlüsselbeinen und einem Schulterblatte entblösst werden.

Die Körper der ersten sechs Dorsalwirbel sind vorn und hinten rund, vorn mit einem breiten kurzen Kiel ausgestattet, welcher bei den ersten vier unten eckig, bei den beiden letzten aber zugerundet erscheint. Die Wirbelkörper sind in ihrer Mitte etwas zusammengezogen, die ersten vier sind vorn an beiden Seiten mit Knoten und Facetten zur Aufnahme der Köpfe zweispaltiger Rippen ausgestattet; beim fünften und sechsten rücken diese Warzen an die Bögen herauf; der sechste zeigt sie dicht unter dem Querfortsatze des letztern; beim siebenten steht die Facette, wie bei allen folgenden, an diesem Querfortsatze selbst.

Die bei den ersten Dorsalwirbeln hohen Bögen nehmen nach hinten allmählich an Höhe ab, weil das Rückenmark nach hinten dünner wird. Die anfänglich noch steil aufgerichteten vier Gelenkansätze erlangen schon bei dem siebenten Dorsalwirbel eine fast wagrechte Stellung, die Kämme sind bei allen breit, von mittlerer Höhe und gerade aufgerichtet. An den Bögen sitzen Querfortsätze, welche anfänglich kurz sich bis zum neunten Wirbel ansehnlich verlängern, wobei sie gleicher Weise an Breite gewinnen, von da aber wieder kürzer und schmäler werden (Taf. VIII, Fig. 1). Bis zum fünften Rückenwirbel sind diese Querfortsätze nur mit einer Facette für die Rippenköpfe versehen, vom sechsten bis zum zehnten haben sie eine auf ihrer vordern Kante und eine am Ende; der elfte und zwölfte aber haben wieder nur eine Facette am Ende. Der Körper des siebenten Rückenwirbels geht an seiner untern Fläche vorn in einen nach vorn gebogenen starken haken-förmigen Dorn aus (Taf. VII, Fig. 6). Ein augenscheinlich verkümmerter sehr kurzer, im Querschnitte ovaler Wirbelkörper von einem jungen Thiere, von welchem ich ein Bruchstück (Fig. 6 d und e) abgebildet habe, hat diesen Dorn ebenfalls, er ist spitz und noch nicht, wie bei ältern Thieren, mit dem untern Rande der Wirbelplanne verwachsen. Die Unterseiten der übrigen Dorsalwirbelkörper sind glatt.

e. Die Lendenwirbel.
Tafel VIII. Fig. 6, Lendenwirbel-Bruchstück von hinten, a von vorn, b von unten.

Die fünf Lendenwirbel konnten nur in Bruchstücken vom Gesteine befreit werden, ich besitze viele Körper derselben, welche sämmtlich in der Mitte zusammengedrückt, im Querschnitte oval sind, so dass die lange Achse der Ellipse horizontal zu liegen kommt. Die Bögen sind niedrig, mit niedrigem Kamme und flachen, etwas nach oben gerichteten Querfortsätzen ohne Facetten. Die Gelenkfortsätze fast horizontal.

f. Wirbel des Heiligenbeines.
Tafel VI. Fig. 27.

Die Umgebung des Beckens und damit das Heiligenbein waren bei allen aufgefundenen Exemplaren so stark beschädigt und von Pyrit zerfressen, dass nur sehr geringe Reste von letzterem zur Abbildung geeignet waren. In der Fig. 27 habe ich auf Taf. VII das Fragment eines Wirbelkörpers aufgenommen, welcher im Querschnitte oval ist und beiderseits die prismatischen dicken Querfortsätze mittels deutlicher Nähte angeheftet zeigt. Dieses Stück hat an dem einen Ende eine concentrisch gestreifte Fläche, wie solche den Wirbeln des Heiligenbeines in der Mitte zukommt, am andern einen halbkreisförmigen Gelenkkopf. Da der erste Wirbel dieses Beines eine Pfanne besitzt, d. h. concav sein muss, um an den fünften Lendenwirbel anzu-schliessen, so kann das in Rede stehende Stück nur zum zweiten Wirbel desselben gehören, woraus dann hervorgehen würde, dass der erste Schwanzwirbel des Crocodilus Ebertsi nicht, wie bei Alligator Darwini und *Alligator gracilis* Vaillant oder den heutigen Crocodiliden convex-convex, sondern concav-convex gewesen sein müsste.

g. Die Schwanzwirbel.

Tafel VIII. Fig. 7, Schwanzwirbel-Fragment von unten, 7a von oben, 7b von der linken Seite, 7c von hinten.
 „   „   „   8, ein anderes von oben, a von unten.
 „   „   „   9, ein anderes von der linken Seite, 9a von hinten, 9b von vorn.
 „   „   „   10, zwei Schwanzwirbel-Körper von oben.
 „   „   „   11, acht Schwanzwirbel-Körper zusammenhängend von unten.
Tafel XII. Fig. 17, Schwanzwirbel von der linken Seite, a von oben, b von der rechten Seite, c von unten,
 d von vorn, e von hinten.

Die sämmtlichen Schwanzwirbel zeichnen sich durch die eckige Gestalt ihrer Körper und sofern sie noch mit Querfortsätzen ausgestattet sind, dadurch aus, dass diese tief unten an den Bögen sitzen, wo sich dieselben an den Körper anlegen. Die Körper der Wirbel sind meistens vierseitige Prismen, in der Mitte zusammengezogen, nach vorn und hinten anschwellend und in vier-, fünf- und sechsseitigen Flächen, auf denen die Gelenkköpfe sitzen oder in denen die Gelenkpfannen ausgetieft sind, ausgehend. Die schmale untere Fläche ist bei den meisten ganz flach ausgehöhlt, an ihrem hintern Ende stehen auf ihr zwei kleine Facetten, an welche sich wahrscheinlich ein V förmiger Knochen oder Knorpel zum Schutze der Blutgefässe heftete. Ich konnte jedoch keinen solchen Knochen im Gesteine auffinden.

Die Gelenkansätze an den Bögen stehen niedrig, horizontal und gerade nach vorn und hinten gerichtet, die Kämme sind niedrig und schmal, die Querfortsätze dünn, an den Enden abgerundet, aber fast so breit als der Körper lang. Sie verschwinden gegen das Ende des Schwanzes gänzlich (Taf. VIII, Fig. 11). Die Bögen sind durch gezahnte Nähte auf die Körper befestigt, wie die Fig. 10, Taf. VIII zeigt.

Der mit andern Schwanzwirbeln zusammenliegende Wirbel (Taf. XII, Fig. 17) könnte einer der letzten gewesen sein. Sein Körper besitzt die Gestalt der Wirbel ohne Querfortsätze, sein Bogen ist ganz niedrig, nur eine, in der Mitte geschlossene Röhre, welche hinten und vorn in einen offenen Graben ausläuft. Vorn hat er eine flache Pfanne, hinten einen flachen Gelenkkopf. Die Figuren 17 und 17b sind Seitenansichten, in welchen sich die Eingänge von Gefässröhren bemerklich machen, 17a eine Ansicht von oben, 17c eine solche von unten, Fig. 17d und e Ansichten der beiden Enden.

Die Rippen.

Die Halsrippen am Atlas.

An dem ersten Halswirbel (dem Atlas) sind beiderseits lange dünne Knochen durch Bänder an den vordern Facetten des Körpers befestigt, welche den entsprechenden Rippen des Alligator Darwini sehr ähnlich sind. Sie sind nach aussen gewölbt, innen der Länge nach eingebogen und sitzen in solcher Weise an den Facetten, dass sie nach hinten gerichtet sich an die zweiköpfigen Rippen der folgenden Halswirbel anschliessen.

Dem Epistropheus fehlen solche Rippenanhängsel.

Die Rippen an den auf dem Epistropheus folgenden fünf Halswirbeln.

Tafel XI. Fig. 13, eine zweiköpfige Halsrippe vom ersten Wirbel der rechten Seite des Thieres von innen,
 a von hinten, b von vorn.

Tafel XI. Fig. 14a, eine andere vom dritten Halswirbel, rechte Seite von innen, b von oben, c von aussen, d von unten.

„ „ 15, zwei Rippen noch zusammenhängend, etwas von den Wirbelkörperfacetten nach hinten verschoben von unten, rechts Thiernetse.

„ „ „ 16, Fragment, unterer Anhang der Rippe von oben

Der horizontal liegende, schwach S-förmig gebogene, unten zugerundete, oben ausgehöhlte Knochen (Fig. 16) hängt vermittelst zweier ungleich langer Arme und ebener Gelenkhöhle an den beiden Facetten des Wirbels. Der nach aussen stehende längere Arm, welcher sich an den Querfortsatz heftet, ist dünn und breit, der innere, an den Knoten des Wirbelkörpers anpassende kurz und dick. Die horizontalen Anhängsel der Rippen des ersten Halswirbels nach dem Epistropheus sind nach vorn ganz kurz, die vier andern nach vorn kürzer als nach hinten.

Die Rippen des Rumpfes.

Tafel XI. Fig. 1, erste linksseitige Rippe von innen, a von aussen, b von hinten, c von vorn, d von oben.

„ „ „ 2, zweite linksseitige Rippe von hinten, a von innen, b von vorn, c von aussen, d von oben.

„ „ „ 3, zweite rechtsseitige Rippe von aussen.

„ „ „ 4, dritte linksseitige Rippe von vorn, a von innen, b von aussen, c von hinten.

„ „ „ 5, vierte linksseitige Rippe von hinten, a von aussen, b von vorn, c von oben.

„ „ „ 6, fünfte linksseitige Rippe von innen, a von aussen.

„ „ „ 7, sechste linksseitige Rippe von innen.

„ „ „ 8, siebente linksseitige Rippe von innen.

„ „ „ 9, achte linksseitige Rippe von vorn, a von hinten, b von innen.

„ „ „ 10, elfte linksseitige Rippe von innen, a von vorn.

„ „ „ 11, unterer Gelenkkopf einer dritten Rippe von innen, a oberer Querschnitt, b Gelenkfläche, c von vorn, d von aussen.

„ „ „ 12, zwölfte linksseitige Rippe von aussen, a von hinten, b von innen.

Tafel XII. Fig. 16, die sechste oder siebente Rippe von einem jungen Thiere von innen, a von hinten, b von aussen, c von vorn.

An den beiden ersten Dorsalwirbeln sind zweiköpfige Rippen mit einem langen dünnen und einem kurzen dickern Aste und Gelenkköpfe befestigt, von denen die erste einen ganz kurzen, unten zugespitzten, die zweite einen langen breiten, unten abgeplatteten und zugeschärften Körper hat, welche aber beide oben einen, an dem langen Aste befestigten abgerundeten Kiel besitzen, der am Körper der zweiten lang herab verläuft. Der lange Arm setzt sich mit seinem flachen Gelenke an die Facette des Wirbelkörpers (also unten hin), der kurze aber an die am Querfortsatze des Bogens befindliche (oben hin), so dass der Kiel nach hinten gerichtet ist. Die Rippenkörper, vorn am dicksten und abgerundet, verdünnen sich nach hinten, sind nur schwach nach unten umgebogen. Mit den Figuren 1d und 2d, durch welche die beiden Rippen von oben, d. h. von den abgeplatteten Gelenkflächen aus dargestellt wurden, ist die Richtung der Kiele angezeigt. An der ersten Rippe erscheint derselbe dichter an den Körper angelegt als an der zweiten.

Ueber der dritten Rippe ist das Schulterblatt befestigt, sie ist ebenfalls noch zweiarmig, wie die vorhergehende, sie besitzt aber keinen solchen Kiel, sondern an dem dicken, unten in einen breiten Gelenkkopf ausgehenden Körper nach hinten gerichtet eine dünne bogenförmige Langsleiste. Der untere Gelenkkopf, welchen ich in einem nicht von Pyrit angefressenen Stücke in Fig. 11a, b, c, d besonders abbildete, ist vorn dicker und geht nach hinten in eine Gehaimpe ein. Seine untere Fläche ist eben, mit etwas erhöhtem Rande; er ist bis zu 2,5 cm. an der Rippe herauf mit tiefen länglichen Gruben, den Anheftstellen von Bändern bedeckt, welche die das Sternum mit der Rippe verbindenden Knorpel an letztere befestigen. Der Körper der Rippe ist im Inneren von grobmaschigem Knochengewebe, welches zu den dickern Theilen in eine Markröhre übergeht.

Die 9[?] zweiköpfige Rippe trägt, ebenso wie die noch folgenden bis zur 10ten einschliesslich, eine an ihren dicken, unten in einen Gelenkkopf auslaufenden Körper nach hinten angefügte dünnere Leiste. Der zu den Wirbelkörper oder bei den folgenden an die vordere Facette des Querfortsatzes sich anlegende Gelenkkopf der Rippe ist auf einem entsprechend längern oder kürzern, abstehenden Aste angebracht, der andere an das äusserste Ende des Querfortsatzes sich anlegende steht am Rippenkörper selbst.

Die auf Tafel XII. in Fig. 16 aufgenommene dünne Rippe entspricht ganz den auf Tafel XI. abgebildeten, sie dürfte die 6te oder 7te eines sehr jungen Thieres gewesen sein.

Alle Rippen von der dritten bis zur zehnten waren durch an ihren unteren Gelenkköpfen befestigte Knorpelstäbe mit dem ebenfalls knorpeligen Sternum verbunden.

Die elfte Rippe, Fig. 10, ist lang, hat einen starken Gelenkkopf, welcher an die Endfacette des Querfortsatzes am Wirbelbogen angesetzt war. Ihr Körper anfangs dick und schmal wird nach unten dünner und breiter und endigt in einer Zuschärfung. Er war nicht mit dem Sternum verbunden. Ebenso ist die zwölfte Rippe nur einköpfig; sie besteht aus einem kurzen mehrfach gekrümmten dünnen Knochen, welcher in Fig. 12. a. b. in mehrseitigen Abbildungen dargestellt ist.

Die Rippen an der knorpeligen Beckenplatte.

Taf. XII. Fig. 14, kleine von der Beckenplatte ausgehende Rippen.

„ „ „ 13, seitliche Verstärkung der Beckenplatte.

In einigen Fällen wurde in der Gegend des Beckens eine etwa einen Millimeter dicke nach allen Richtungen versprungene wachsglänzende tief schwarze Platte bemerkt, an welche beiderseits die untern Enden des Schambeins anschlossen und an die mehrere dünne Rippchen ansassen, begleitet von zwei dicken gebogenen Knochen. Die dünnern Rippchen (Fig. 14) sind im Querschnitte oval bis kreisrund; sie haben unten einen glatten ebenen Gelenkkopf und endigen oben spitz. Man findet sie häufig in Fragmenten in der Gegend des Beckens.

Der dickere gebogene Knochen (Fig. 13) ist ebenfalls rund, hinten dicker, nach vorn sich an einer Spitze verjüngend. Auch er liegt in der Beckengegend und möchte den ähnlichen Knochen entsprechen, welche an den Seitenrändern der knorpeligen Beckenplatte lebender Crocodile liegen.

Die Gliedmassen.

Das Gewebe der Röhrenknochen von Armen und Beinen hat sich bei den Meusebach Funden in einer höchst vollkommenen Weise conservirt.

Die Röhren bestehen aus vielen coacentrischen Lamellen, welche sich gegen die Gelenkköpfe verdünnen und bis auf eine dünne, auch die Gelenke umgebende Haut gänzlich ausfüllen. Im Innern sind die Röhren von einer dünnern weisslichen Haut ausgekleidet, welche sich in den Gelenkköpfen mehr und mehr verdickend endlich zu einer sehr fein porösen Masse wird. Unmittelbar über der schwammig porösen Gelenkmasse erfüllt sich die Marköhre mit in verschiedenen Richtungen und Winkeln gegen die äussern Wände anstürdenden Knochenstäbchen. Diese Stäbchen stellen, indem sie in fast rechten Winkeln sich kreuzen und an ihren Kreuzpunkten verwachsen, Gitter, und wenn die Oeffnungen gänzlich ausgefüllt sind, selbst dünne Platten dar, welche ebenfalls in verschiedenen Neigungswinkeln gegen die Röhrenwand stehen. Die Fig. 16. Taf. XII. giebt einen Längendurchschnitt eines Femur, 16a den Querdurchschnitt eines Humerus und 18b den Querschnitt einer Tibia.

Der vordere Ring des Rumpfes.

Schulterblatt.

Taf. X. Fig. 4, rechtes Schulterblatt von aussen, a. von innen, b. von vorn, c. von hinten, d. von oben.

Die flachgewölbte Schaufel des Schulterblattes sitzt auf einem dicken kräftigen, nach auswärts abgehogenen Halse, welcher unten in den dicken Gelenkkopf ausgeht, womit sich der Knochen an das Schlüsselbein anlegt.

Hinten ist der Rand der Schaufel fast rechtwinklig abgeschnitten und auf der innern Seite mit einer in Fig. 4a. sichtbaren Narbe versehen, welche wohl zur Befestigung des Beins diente. Der dünne obere und vordere Rand der Schaufel ist von zahlreichen Rinnchen gefurcht (Fig. 4), womit der Knochen ebenfalls angeheftet war. Das Gelenk stellt sich dar als eine kreissegmentförmige, nach vorn in eine lange Spitze, nach hinten in einen kurzen Wulst ausgehende Ebene, als Grundfläche eines dicken pyramidalen, nach vorn mit einem durch Leisten verstärkten Schnabel verbundenen Körpers. Dieses Gelenk ist auf der nach Aussen gekehrten Seite vor dem hinten liegenden Wulste mit einer Nische ausgestattet, welche einen Theil der Pfanne für den obern Gelenkkopf des Oberarmes bildet. Die Wölbung des Blattes der Schaufel und die Breite des Gelenkkopfs werden aus Fig. 4d. ersichtlich.

Schlüsselbein.

Taf. X. Fig. 5. linksseitiges Schlüsselbein von aussen, 5a von innen, 5b von vorn, 5c von hinten.
„ 5d Gelenkkopf von oben.

Der Gelenkkopf des Schlüsselbeins legt sich ganz demjenigen des Schulterblattes an, sodass die beiden Knochen in einen spitzen Winkel zusammengefügt sind. Hinter der auf der Seite liegenden Nische tritt ein starker Wulst hervor, in dessen Nähe der Gelenkkopf von einem kreisrunden Gefässgang durchbohrt ist. Der Hals des Gelenkkopfes, stark und gedreht, wird von vielen Rinnen, den Ansatzpunkten zahlreicher Bänder und Sehnen umgeben und geht in eine Schaufel über, die mit ihrer untern runden Kante an das knorpelige Sternum verwachsen war. Ich besitze zwei vollständige Schlüsselbeine eines Thieres und Bruchstücke von mehreren andern.

Das Brustbein.

Taf. XII. Fig. 12. Das Brustbein von oben, a von der linken Seite.

Inmitten der knorpeligen Platte, welche das Sternum ersetzend mit den Rippen der Brust verwachsen ist, liegt der schmale Knochen, welchen ich in Fig. 12 abbildete und zwar so, dass er mit seinem etwas wenigstens aufwärts gebogenen zweispitzigen Theile frei hervorsteht, während der breite vorn mit zwei Facetten, hinten mit mehreren parallelen Streifen ausgestattete in dem Knorpel befestigt ist.

Das Exemplar gehörte einem jungen Thiere an, Fragmente von grössern Thieren beweisen, dass der Knochen in allen Dimensionen um die Hälfte verstärkt sein konnte.

Die vorderen Extremitäten.

Der Oberarmknochen.

Taf. X. Fig. 6. Rechtseitiger Humerus von innen, a von der Seite, b von aussen; c oberer Gelenkkopf, d unterer Gelenkkopf.

Die Oberarmknochen des Crocodilus Ebertsi sind stark gekrümmt, dünn und glatt. Der obere Gelenkkopf, breit und dünn, ist rückwärts gebogen und läuft mittelst einer schmalen Leiste in einen hervortretenden rauhen Hügel aus. Seine äussere Fläche ist von mehreren tiefen Gruben (Anheftstellen von Bändern und Sehnen) bedeckt, inina sowohl wie aussen finden sich Oeffnungen von Gefässgängen. Der Röhrenknochen wendet sich nach unten etwas um und endigt in einem zweiflügeligen Gelenkkopf (Fig. 6 d), über dessen innerer Seite eine Grube für ein Band angebracht ist (Fig. 6).

Der Unterarmknochen.

Taf. X. Fig. 10 der Cubitus des rechten Unterarms (des Ellenbogenbeins) von aussen.
„ „ „ 10 a, der Cubitus von hinten.
„ „ „ 10 b, derselbe von innen.
„ „ „ 10 c, von vorn.
„ „ „ 10 d, oberer Gelenkkopf von oben.
„ „ „ 10 e, unterer Gelenkkopf von unten.
„ „ „ 11, unteres Bruchstück des damit verbundenen Radius (Speiche) von aussen, 11 a von hinten, 11 c von vorn.

Der Cubitus ist oben dicker mit flachem Gelenkkopfe, seine Röhre dreht sich nach unten etwas um, plattet dabei ab und endigt in einem flachen schmalen Gelenkkopf.

Vom Radius fehlt der obere Gelenkkopf; seine Röhre ist dünner als die des Cubitus, sie endigt unten in einen zweiflügeligen schmalen Gelenkkopf.

Der Vorderfuss oder die Hand.

Taf. XI. Fig. 17, Eine fast vollständige rechte Hand von oben.
„ „ „ 17 a, Handwurzel des Radius in verschiedenen Ansichten.
„ „ „ 17 b, erstes Glied des 2. Fingers in mehreren Ansichten.
„ „ „ 17 c, erstes Glied des 3. Fingers von verschiedenen Seiten.
„ „ „ 17 d, zweites Glied des 2. Fingers von verschiedenen Seiten.
„ „ „ 17 e, das Pillenbein von der Seite.

Die sämmtlichen Theile der rechten Hand entnahm ich einem verkiesten Stücke, beim Herauswachsen ging das 2. Glied des ersten, der Nagel des zweiten und der der fünften Fingers verloren, sie waren vom Pyrit zerfressen.

Der Handwurzelknochen der Speiche, von dem ich mehrere erhielt, ist dick und kurz, oben abgerundet, dreieckig flach mit niederwärts gekrümmtem Rande: der Körper des Knochens etwas zusammengezogen; der untere Gelenkkopf breiter als der obere, dreieckig mit mehreren Facetten. Beide Enden sind mit Gruben für die Bänder und Sehnen, welche sie mit den Unterarmknochen und den Fingern verbanden, versehen. Es legten sich zwei Finger an das untere Gelenk an. Fig. 17 a von oben (aussen), Fig. 17 a in derselben Ansicht. Fig. 17 a a von innen, β von hinten, γ von vorn, δ die obere, ε die untere Gelenkfläche.

Die Handwurzel des Ellnbogenbeins (Fig. 17 β) ist dünner als die der Speiche, ihr unterer Gelenkkopf ebenfalls für zwei Finger mit Facetten versehen. Neben ihr liegt das Pillenbein (Fig. 17 β von oben, 17 e von der Seite), ein abgeflachter rundlicher Knochen, an welchen sich der fünfte Finger anlehnt.

Der erste Finger oder Daumen besteht aus zwei kurzen dicken Gliedern und einer starken, gekrümmten Kralle. Das erste Daumenglied (Fig. 17 d) hat einen abgeflacht ovalen obern Gelenkkopf, welcher dem kurzen rundlichen Röhrenknochen aufsitzt. Das untere Gelenk ist zweihügelig von vierkantigem Querschnitt, mit vier Gruben für die Bänder. In die Vertiefung zwischen den Hügeln passt eine Schulepe des obern Gelenkes des zweiten Gliedes. Die Klaue, stark gekrümmt, dick und kurz, hat an ihrem Gelenk ebenfalls eine solche Schulepe, seitlich abgeplattet wird sie von je zwei durch eine flache Rinne verbundenen Gefässgängen durchbohrt (Fig. 17 d).

Der zweite Finger (Fig. 17 e, e' und e'') war aus drei Gliedern und der Klaue gebildet. Das erste Glied, länger als das erste des Daumens, ist oben platt mit nach dem Daumen hin gerichtetem Grad, woran tiefe Gruben für die Bänder. Es ist wenig nach oben gekrümmt und unten wie alle andern Fingerglieder mit vierkantigem zweihügeligem Gelenkkopfe versehen. Die Figur 17 stellt es in e von oben, die Fig. 17 h in a von vorn dar, β ist die obere Fläche des obern, γ die des untern Gelenkkopfs. Das zweite Glied des zweiten Fingers (Fig. 17 e' von oben und Fig. 17 d von der Seite mit β der obern und γ der untern Gelenkfläche) ist kurz nach unten stark verdünnt, das dritte Glied dieses Fingers (Fig. 17 e'') ist auffallend klein und dünn. Die Kralle fehlt.

Der dritte Finger hat ebenfalls drei Glieder und eine Klaue (Fig. 17 ζ, ζ', ζ'', ζ'''), welche sämmtlich stärker gebaut sind als die des zweiten Fingers. Namentlich erreicht das erste Glied eine bedeutendere Länge, ist aber in der Gestalt fast übereinstimmend mit dem zweiten Fingergliede. Die beiden folgenden kürzeren Glieder sind dick und kurz, die Kralle weniger stark als die des Daumens.

Der vierte Finger (Fig. 17 η, η', η'', η''') erreicht nicht die Länge des zweiten, ist aber länger als der Daumen und besteht aus drei Gliedern und der Kralle. Das erste Glied (Fig. 17 η und Fig. 17 e von der Seite mit β dem obern und γ dem untern Gelenk) ist oben platt, unten rund und schwach gekrümmt. Die beiden andern Glieder und die Kralle sind kurz und dünn. Noch dünner und kürzer erscheinen die drei Glieder des fünften Fingers (Fig. 17 δ, δ', δ''), von denen das erste sich mit einem breiten Gelenkkopfe an das Pillenbein anschliesst. Die kleine Kralle ist verloren gegangen.

Der hintere Ring des Rumpfes.

Das Hüftbein.

Taf. XII. Fig. 1, Os ilium der rechten Seite von innen, a von unten mit der Pfanne für den Oberschenkel, b von unten.

Dieser im allgemeinen langovale Knochen ist nach vorn dicker als nach oben und hinten. Am Vordertheile liegen nach innen die beiden Anheftstellen für die prismatischen Querfortsätze des Heiligenbeins, von deuen die hintere in Fig. 1 durch ihre concentrische Streifung kenntlich ist, während die andere für den vordern Wirbel stark verkürzt im Schatten liegend zur Darstellung kam. Die obere zackige Naht zwischen den Querfortsätzen und diesen Theilen des Hüftbeins wurde in der Zeichnung wiedergegeben. Am vordern Theile des Unterrandes befindet sich die Facette für den Gelenkkopf des Schambeins und davon durch eine kurze Bucht getrennt die grosse halbmondförmige Facette für das Sitzbein. Der nach hinten gerichtete Flügel des Hüftbeins ist nach aussen gebogen verdünnt und an seiner Oberkante beiderseits radial gerippt. Die Aussenfläche des Knochens (Fig. 1b) hat an ihrem vordern Theile die rundliche Pfanne für den Oberschenkel und davor tiefgrubige Flächen für die Aufnahme der Bänder und Sehnen.

Aus der Fig. 1 a wird die Gestalt des untern Randes ersichtlich vorn mit der Facette für das Os pubis, in der Mitte mit der grossen für das Os ischium.

Ich benütze von diesem Knochen das abgebildete Exemplar und noch einige Fragmente; er ist länger und schmäler als der gleiche von Alligator Darwini.

Das Sitzbein.

Taf. IX. Fig. 12, ein linksseitiges Sitzbein von der hintern schmalen Seite.

   „ „ „ 12 a, dasselbe von aussen.

   „ „ „ 12 b, dessen Gelenkkopf von oben.

Der Gelenkkopf dieses Knochens ist schmal und lang, nach vorn zugespitzt, nach hinten verdickt; er nähert sich in der Gestalt dem des Brustbeines. Nach unten verengert er sich in einen etwas zurückgebogenen Hals, dem eine flache spatelförmige Schaufel anhängt. Die Fig. 12, eine Abbildung des Beins von der hintern schmalen Kante, lässt die Biegung des Halses und der Schaufel deutlich erkennen; in Fig. 12 b sind die Flächen des Gelenkkopfs von oben dargestellt; in der Fig. 12 a endlich prismatirt sich der Knochen von seiner breiten Seite. Am Kopfe ist ein glatter Knoten befestigt, den man auch in Fig. 12 erkennt. Er ist nach hinten gekehrt. Die untere Kante der Schaufel, nach vorn spitzwinklig abgeschnitten, ist rauh und war wie die Fig. 12 a unverkennbar zeigt, mit der der anderseitigen Sitzbeins durch einen Knorpel beweglich verbunden, denn es liegt ein Stück dieses anderseitigen Sitzbeins noch im Zusammenhange vor.

Das Schambein.

Taf. IX. Fig. 13, rechtsseitiges Schambein von aussen, 13 a von vorn, 13 b von hinten, 13 c von unten.

Der Gelenkkopf dieses Beins ist conisch oben abgeplattet. Er ist durch einen langen rundlichen Hals mit einer spatelförmigen leicht gekrümmten Schaufel verbunden, welche nach hinten in eine stumpfe Kante verlaufend nach vorn mit rauher schmaler Fläche und einer rundlichen Facette zur Anheftung des die knorpelige Beckenplatte stützenden Seitenknochens (Taf. XII. Fig. 13) versehen ist. Die untere rauhe Kante war an jene knorpelige Platte angewachsen.

Der Oberschenkel (Femur).

Tafel IX. Fig. 14, linker Oberschenkel von hinten, 14 a von innen, 14 b von aussen.

Der halbkreisförmige schmale obere Gelenkkopf ist nach aussen mit einer kleinen Erhöhung ausgestattet, nach innen flach; auf der hintern und äussern Seite sind tiefe Narben, die Anheftstellen der Bänder und Sehnen eingetieft, welche sich auf zwei äussere und hinteren Wülsten und einer innen liegenden Grube wiederholen. Die S förmig gekrümmte Röhre verdreht sich nach unten, sodass der zweihügelige untere Gelenkkopf fast rechtwinklig zu der abgeflachten Seite des obern steht. Ueber dem ersteren befindet sich eine nach hinten gekehrte kurze leistenförmige Erhöhung und rundum Gruben und Vertiefungen für die Bänder.

Die enge Markröhre liegt seitwärts näher am vordern Rande, sodass die Röhre nach hinten fast doppelt so dick als nach vorn; an beiden Gelenkköpfen sind Eingangsöffnungen mehrerer Gefässcanäle.

Die Fig. 14 gibt ein Bild des Knochens in natürlicher Grösse von hinten gesehen; die Fig. 14 a von der innern und Fig. 14 b von der äussern Fläche.

Der Unterschenkel, bestehend aus Schienbein und Wadenbein.

Das Schienbein (Tibia).

Tafel XII. Fig. 2, in einem Stück Thon zusammenhängend mit dem Thonknochen, worin der auf Tafel II. in Fig. 1 abgebildete Rest einer Hoplia, sam die auf Tafel VII. Fig. 7 abgebildete Wirbelsäule nebst vielen anderen Theilen des Körpers lagen, fand ich das Hüftbein Tafel XII. Fig. 1, und die sämmtlichen Bestandtheile des rechten Beins und Fusses, welche ich, so wie sie im Gesteine lagen, in Fig. 2 in Umrissen angedeutet habe.

„ XII. „ 3, das rechte Schienbein von aussen, a von innen, b von vorn, c von hinten, d Fläche des oberen und e des unteren Gelenkkopfes.

Der obere Gelenkkopf des Schienbeins hat eine eiförmige Gestalt, deren Spitze nach vorn gekehrt ist; seine obere Fläche ist von einem Graben durchfurcht, welcher seitlich an der vorderen Spitze beginnt und an der hinteren stumpfen ausläuft. Der kantige Röhrenknochen, anfangs nach allen Dimensionen gleich dick, verdreht sich nach unten, indem er breiter und dünner werdend in den halbmondförmigen unteren Gelenkkopf übergeht. Dieser untere Theil des Knochens endigt in einer flachen gewölgten breiteren und einer aufsitzenden schmalen Facette. Gruben und Gräben, die Ansatzstellen für Bänder und Sehnen, sowie Eingangsöffnungen für Gefässcanäle werden an beiden Gelenkköpfen wahrgenommen.

Das Wadenbein (Fibula).

Tafel IX. Fig. 15, linkes Wadenbein (Fragment) von hinten, a dasselbe von innen, b von aussen.

Dieser dünne Knochen konnte keinmal mit seinem oberen Ende aus dem Gesteine erlangt werden, dieses war vielmehr stets so von Pyrit zerfressen, dass es in Staub zerfiel. Der untere Gelenkkopf ist fast dreieckig, vorn breiter als hinten.

Die Fusswurzel, bestehend aus Sprungbein, Fersenbein, Würfelbein und Keilbein.

Das Sprungbein (Astragalus).

Tafel IX. Fig. 16, Astragalus vom linken Fusse, a von hinten, b von vorne, c von aussen, d von innen, e von unten, f von oben.

Aus dem gegen die Fusszehen hin gekehrten, rundlichen Körper des Sprungbeins geht nach hinten der viereckige Hals mit der Facette für das Wadenbein hervor. An der inneren Halsseite ist die halbkreisförmig profilirte Gruben eingestellt, welcher nach hinten in eine flache Grube verläuft. Auf der rechtwinklig gegen diesen Graben geneigten Fläche befindet sich die Pfanne für das Gelenk des Schienbeins, neben welcher der vierkantige Hals zu einem hakenartigen Vorsprunge verdickt erscheint.

Das Fersenbein (Calcaneum).

Tafel IX. Fig. 17, linkes Fersenbein, a von oben, b von der Seite, c von hinten, d von unten.

Dieser neben dem Astragalus liegende und mit ihm die erste Reihe der Fusswurzelknochen bildende Knochen ist bestimmt, den Gelenkkopf des Wadenbeins zu stützen. Er besteht aus einem dicken mehrfach facettirten Körper, an welchem ein dünnerer Hals ansitzt.

Das Würfelbein (Os cuboideum).

Tafel XII. Fig. 11 a. Fragment vom rechten Würfelbein.

Der Astragalus und das Calcaneus des rechten Fusses war nicht überliefert, dagegen fand sich das in Fig. 11 von oben und a von der unteren Seite dargestellte Knochenfragment vor, welches als ein Rest des Würfelbeines gelten dürfte.

Vom Keilbeine (Os cuneiforme) fand ich keine Spuren erhalten.

Der Fuss.

Tafel XII. Fig. 4, der rechte Fuss von oben.

„ „ „ 5, 6, 7, 8, 9, 10, einzelne Fingerglieder.

Der Fuss des Crocodilus Ebertsi ist lang und schmal, aus vier Zehen gebildet.

Die oberen Glieder der Zehen (die Knochen der Mittelhand) sind am längsten und stärksten, die folgenden werden immer dünner und kürzer und endigen endlich in lange gekrümmte Krallen.

Das erste Glied des Daumens (der ersten Zehe) ist nach unten und unten wenig gebogen, dick und stark, kürzer als die ersten Glieder der zweiten und dritten Zehe; sein oberer Gelenkkopf rundlich nach innen mit einer Bandgrube versehen, verläuft in den nach unten sich abplattenden vierkantig werdenden Röhrenknochen, dessen unterer zweihügeliger Gelenkkopf von vier tiefen Gruben umgeben ist. Dieses erste Glied der ersten Zehe wurde in Fig. 4 a von oben, 5 a von innen oder unten, 5 b von der rechten, 5 c von der linken Seite dargestellt. Das zweite Glied der ersten Zehe (Fig. 4 e) nimmt im Bau und in den Dimensionen mit den zweiten Gliedern der zweiten und dritten Zehen überein; sein oberer Gelenkkopf hat wie alle anderen der zweiten, dritten und vierten Glieder auf der oberen Seite eine zwischen die Hügel der unteren Gelenkköpfe passende Schleife. Der untere Gelenkkopf ist bei allen Zehengliedern vierkantig, zweihügelig und auf den vier Seiten der Röhrenknochen mit rundlichen Gruben für die Bänder umgeben.

Die Kralle der ersten Zehe hat oben eine den Gelenken der Fingerglieder gleiche Gestalt, ist vierkantig, etwas nach unten gekrümmt, vorn zugespitzt und auf beiden Nebenseiten mit einer Rinne versehen, welche, an einem Gefässeingang beginnend, bis in die Spitze reicht.

Das erste Glied der zweiten Zehe ist abgebildet in Fig. 4 h von oben, Fig. 10 a von unten oder der Sohlenfläche, b von der gegen die erste Zehe gekehrten oder linken, c von der der dritten Zehe zugekehrten oder rechten Seite. Sein oberer Gelenkkopf ist abgeplattet mit einer nach der ersten Zehe gerichteten hakenförmigen Verlängerung und von tiefen Bändergruben umgeben. Die vierkantige breite Röhre wenig nach oben und aussen gebogen, der untere Gelenkkopf wie bei dem ersten Glied der ersten Zehe. Der zweite Finger hat ausser diesem noch zwei weitere Glieder und eine Kralle (Tafel XII. Fig. 4 f, i, u.)

Die dritte Zehe hat vier Glieder und eine lange Kralle. Das erste Glied (Fig. 4 e, Fig. 6 a, b, c) ist nur wenig länger als das erste der zweiten Zehe und von ähnlichem Bau, nur etwas stärker nach unten gebogen (Fig. 4 c von oben, Fig. 6 a von der Sohle, b von der rechten, c von der linken Seite). Die ferneren drei Glieder (Fig. 4 g, Fig. 7 a, b, c, Fig. 4 k, Fig. 8 a, b, c, Fig. 4 m, Fig. 9a, b, c in vier Seitenansichten) sowie die Kralle (Fig. 4 p) besitzen mit den kürzeren Gliedern der zweiten Zehe grosse Uebereinstimmung.

Die vierte Fusszehe hat drei Glieder und die Kralle. Das erste Glied ist kürzer als das erste der ersten Zehe, mit dünner Röhre, die beiden folgenden Glieder sind klein und dünn, entsprechen aber im Bau den gleichen Theilen der zweiten und dritten Zehe (Fig. 4 d, h, l). Die Kralle ward nicht aufgefunden; die Einrichtung des unteren Gelenks des dritten Gliedes zeigt jedoch an, dass sie vorhanden war.

Hautknochen des Panzers.

Der ganze Körper des Crocodilus Ebertai war von einem gegliederten Panzer bedeckt, dessen aus Knochen gebildete Schilder von ähnlicher Einrichtung wie die des Alligator Darwini sind. Die zweimalige Vergrösserung eines Randstücks von einem Hautknochen des Dorsalschildes (Fig. 51, Tafel XIII) zeigt, wie aus dem Grunde der tiefen Gruben zahlreiche Gefässgänge nach dem Innern des Knochens geben und wie dieser aus zwei Schichten, einer porösen oberen und einer blättrigen unteren gebildet wird (Fig. 51 a Querschnitt). Am Rande wächst der Knochen weiter, indem sich anfänglich flache, später durch Erhöhung ihrer Ränder zu Tiefe gewinnende Gruben mit vielen Gefässöffnungen an ihn anlegen. Hautknochen von rundlicher Gestalt (wie der Fig. 45) wachsen an allen Seiten zu, so dass sie auf ihrer Unterfläche concentrisch gestreift erscheinen.

Panzer am Kinne, im Gesicht, an der Brust und in der Kehle.

Tafel XIII. Fig. 52, 53 und 54; Fig. 40, 41 und 42; Fig. 48 und 49. Tafel XV. Fig. 3.

Der Hals war von einem aus grossen und kleinen, unbestimmt eckigen, von vielen Gefässen durchzogenen, untereinander durch Nähte schwach verbundenen Hautknochen bestehenden Panzer bedeckt, welcher sich auch unten, von der Kehle bis zur Brust ausdehnte und in welchem das Nuchal- und Cervicalschild als besonders gestaltete Formen eingebettet lagen. Das auf Tafel XV in Fig. 2 in halber Grösse abgebildete Panzerstück liegt in der Kehle und reicht bis zwischen die Unterkieferäste an. Es besteht nur aus kleinen und grossen rundlichen Hautknochen, welche, wie die Zeichnung andeutet, innen glattflächig, auf der äusseren Seite aber grubig sind.

Ein Stück des mosaikartigen Halspanzers, welches ich im Zusammenhange erhielt, ist in Fig. 52 Tafel XIII von der Innenseite abgebildet; es besteht aus zwei grossen und drei kleinen Knochen. Die Knochenschilde (Fig. 53 und 54) sind demselben Körpertheile entnommen, sie lagen einzeln und waren wohl bei der Verwesung des Thieres ausser Verband gekommen, ebenso wie die Knochen Fig. 40, 41 und 42, welche mehr gegen die Brust hin liegend aufgefunden wurden. Ihre Knochen Fig. 41 ist von der inneren Seite abgebildet, sein Rand ist stark ausgezackt. Der Knochen Fig. 42 ist dick, aber nur von flachen Gruben bedeckt; er möchte unter dem einen Arme am Körper gelegen haben. Die neun kleinen Knochenplatten, welche in den Figuren 48 und 49 dargestellt sind, dienten zur Ausfüllung zwischen grösseren gebliebenen Lücken.

Das Nuchalschild bestand wahrscheinlich aus vier untereinander nicht zusammenhängenden Knochenplatten von der in Fig. 50 dargestellten Gestalt. Fig. 50 b zeigt die flachgrubige Oberfläche des auf der rechten Seite des Halses über dem Atlas und Epistropheus gelegenen Stückes, die Fig. 50 a giebt eine Seitenansicht und Fig. 50 b die Ansicht der unteren Fläche.

Das Cervicalschild war aus sechs Hautknochen zusammengesetzt, in der Weise, wie es auf Tafel XV in Fig. 2 hinter dem Nuchalschilde erzäunt worden ist. Die vorderen beiden dreieckigen gewölbten Schuppen sind ohne glatten Rand und haben nur schwache Gruben; ich besitze mehrere, welche von Schneckenschalen überzogen sich nicht wohl reinigen liessen und die ich deshalb nur in der halben Vergrösserung in Fig. 2 Tafel XV zur Abbildung brachte.

Die beiden Schuppen der folgenden zweiten Reihe sind unregelmässig fünfeckig, wie Fig. 38 auf Tafel XIII die Schuppen von der linken Halsseite. Ihr vorderer Rand ist glatt und wurde von dem hinteren der ersten Reihe bedeckt; ihr hinterer dünner Rand überlagerte dagegen den vorderen glatten Rand der dritten Reihe, deren Schuppen trapezförmig sind (Fig. 39). Auch die Schuppen der zweiten und dritten

Beim sind, wie deren Querschnitte 33 a und 33 a angeben, gewölbt aber ohne Kiel, aber tiefgrubig. Die nach der Mitte des Schildes gekehrten graden Seiten der Hautknochen sind durch Nähte miteinander verwachsen, jedoch so, dass sie beim Verwesen der Haut auseinander fallen. Ich besitze viele Stücke des Panzers, die von mehreren Individuen abstammen.

Der Cervicalpanzer schliesst nicht an den Dorsalpanzer an.

Der Dorsalpanzer.

Tafel XIII. Fig. 32 a, b, 33, 34, 35, 36, 37.

„ XIV. „ 2, zwei Reihen Hautknochen von innen, oben eine Schuppe des Cervicalschildes.

Die Hautknochen des Dorsalpanzers sind in vier nebeneinander liegenden Reihen, zwei links- und zwei rechtsseitig angeordnet. Die einzelnen Schuppen haben Rechteck- und Trapez-Gestalt, je nachdem sie in den beiden mittleren oder in den beiden seitlichen Reihen mehr nach vorne und hinten oder mehr in der Rückenmitte liegen. Ihr vorderes glattes Ende ist öfters durch eine dreieckige Hervorragung ausgezeichnet, von der auf der innern Fläche divergirende feine Streifen auslaufen (Fig. 32 b, Taf. XIII. Fig. 2, Taf. XIV). Diese dreieckige Hervorragung geht aber in andern Fällen über in eine rundliche, welche sich endlich nur wenig über die Kante erhebt (Fig. 34, Fig. 33, Fig. 35). Die Schuppen sind aussen schwach gekielt, tiefgrubig und an den kurzen Seiten mit tiefgrubigen Nähten versehen (Fig. 32 a, Fig. 35 a). Die Hautknochen Fig. 35, 36 und 37 sind aus den vordern Theilen des Dorsalpanzers.

Der Ventralpanzer.

Tafel XIV, Fig. 3.

„ XIII. „ 55, 56, 57 und 58.

Der Ventralpanzer ist wie beim Alligator Darwini aus viereckigen, flachen, kleineren Hautknochen zusammengesetzt, von denen jeder in zwei Theile zerfällt. Der vordere schmälere Theil hat einen glatten Rand, auf welcher ein mit zwei flachen Gruben und auf beiden Seiten und nach hinten mit rauhen Nähten versehenes Stück folgt. Der hintere breitere Theil der Schuppe ist vorn dick, hat auf beiden Seiten und vorne Nähte, geht aber nach hinten in eine Verdünnung aus, welche sich über den glatten Rand der folgenden Schuppe hinweg legt. Oefters sind die Ecken da, wo der schmale mit dem breiten Theile des Knochens zusammenstösst, gebrochen, so dass daselbst rundliche Lücken entstehen, in welche kleinere Knochenstücke eingefasst sind (Fig. 3, Tafel XIV). Auch die auf Tafel XIII dargestellten Fig. 55, 56 und 58 sind solche an den Ecken abgestumpfte Schildschuppen, während Fig. 57 ein dreieckiges Endstück des hintern Theiles des Ventralpanzers zu sein scheint.

Die Hautknochen im Panzer der Vorder- und Hinterbeine.

Tafel XIII. Figg. 43, 44, 45 a, 46 a, 47 a, b. Fig. 59 a, b, c, d.

Unter dem Oberarm an dem Oberschenkel ist der Leib des Thieres durch einen aus kleinen vieleckigen Hautknochen bestehenden Panzer geschützt, eine ganz gleiche Einrichtung befindet sich auch auf den nach innen gekehrten Flächen der Extremitäten. Nach aussen werden die Oberarme und Oberschenkel durch Panzerplatten überdeckt, welche dicht aneinandergefügt, aussen schwach gekielt, nach oben mit einer kurzen Hervorragung ausgestattet sind; wie die Figuren 43 und 44.

Die Unterarme und Unterbeine, sowie die Hände und Füsse überzieht ein aus zwei Reihen länglich ovaler Hautknochen bestehender Panzer. An Armen und Beinen sind diese Schuppen oval, wie die Figuren 45 a und 46 a. (Fig. 45 a die innere Fläche des Hautknochens 45), an den Zehen werden sie schmäler und an deren Vordergliedern auch kürzer. Fig. 47 ein Hautknochen von der Mittelhand, 47 a ein solcher von einer Zehe, 47 b derselbe von innen. —

Die Kalcschalben werden durch dreiseitige dicke Knochen gebildet, welche die Gestalt von Fig. 50 besitzen. a) Ist die äussere Ansicht des schaufelförmigen Hautknochens, welcher in der Mitte eine glatte Kante, an beiden Seiten tiefe Gruben hat. b) Ein Längsdurchschnitt. c) Die nach innen gekehrte Fläche mit Gefässeingängen. d) Endlich ein Querdurchschnitt.

An den Ellenbogen (der vordern Extremitäten) liegen abgerundet dreiseitige Hautknochen, welche von Alligator Darwini sehr ähnlich wie sie in Fig. 19, Taf. XIII. abgebildet worden sind.

Der Panzer des Schwanzes ist nicht zur Abbildung brauchbar überliefert worden oder vielmehr er konnte nicht aus der dicken Hülle von Pyrit gelöst werden. Auch er besteht aus schmalen langovalen Platten wie bei Alligator Darwini (Fig. 21).

Auf Tafel XIV. habe ich Abbildungen einiger Fundstücke in halber Grösse zusammengestellt, welche Nachweisung über die Lage der Hautknochen und zugleich über den durch Gewalt bewirkten Tod einiger Crocodilindividuen überliefern.

Die Fig. 1, einen der ersten Brustwirbel nebst daranliegender rechtseitiger Rippe und mehrere Hautknochen darstellend, documentirt, dass die grossen gebogenen Schuppen, welche auf Tafel XV. Fig. 2 als Cervicalpanzer zusammengestellt wurden, wirklich in dessen Bildung beigetragen haben. Die Schuppen α α. sind die beiden dreieckigen der ersten Reihe, β β. gehören zur zweiten und γ. zur dritten Reihe des Cervicalpanzers; die übrigen sind Stücke des Rücken- und Brustpanzers.

Fig. 2 stellt einen, aus sieben, in 2 Reihen angeordneten Knochenschuppen bestehenden Theil des Dorsalpanzers von der innern Fläche gesehen dar; α. ist eine herabgefallene Schuppe aus dem Cervicalpanzer.

Fig. 3. Ein Stück des Ventralpanzers.

Fig. 4. Viele zweitheilige Knochenschuppen vom Ventral- und einige vom Dorsalpanzer, ein Stück der Rückensäule, nach hinten zertrümmert und verschoben nebst zerbrochenen Beckenknochen, Rippen, Theilen des Schambeins, des Hüftbeins und der Oberschenkel. Dazwischen eine Anzahl Quarz- und Syenit-Geschiebe, deren Lage die Stelle des Magens feststellt und aus Pyrit und Sand gebildete cylindrische Wulste, welche vielleicht das Gehröse andeuten, indem sie einen unverweslichen Theil von dessen Inhalt bildeten.

Das Thier war offenbar getödtet und zerbissen, ehe seine Reste in den Schlamm des Flusses eingebettet wurden. Dasselbe mochte das Geschick des in Fig. 5 abgebildeten Restes gewesen sein, dessen Femur zertrümmert an den Ort seiner Lagerstätte gelangte, wie der zwischen die Bruchstücke eingedrungene Thonschlamm beweist. Auch hier liegen die Hautknochen des Ventralpanzers von denen des Dorsalpanzers getrennt.

Auch von Crocodilus Ebertal, dessen Skeletttheile, wenn auch von mehreren verschieden grossen Thieren herrührend, sämmtlich bekannt sind, habe ich ein Knochengerüst in ein Brusttheil der natürlichen Grösse auf Tafel XVI. in Fig. 2 entworfen. Der geringere Körperumfang, die abweichende Zahnbildung, die Verschiedenheit der Form des Schulterbeins und der Extremitäten zwischen diesem Crocodil und dem neben ihm vorkommenden Alligator Darwini fällt bei Vergleichung der nebeneinander stehenden Abbildungen alsbald in die Augen. In beiden Figuren ward die Lage des Magens durch die in denselben vorgefundenen Gesteinstücke abgegrenzt. —

Coprolithen.

In den Braunkohlen von Messel kommen sehr häufig spiralig gewundene, in Höhlen von Pyrit eingelagerte Coprolithen vor, von denen ich einige auf Tafel XIV. in den Figuren 11 bis 19 in halber Grösse abgebildet habe. Der Coprolith, Fig. 11, eine schwere glänzende schwarze spiralig gewundene abgeplattete sphäroidische Masse besteht aus Knochenstückchen und Hautknochenfragmenten eines Crocodiliden. Im Querbruche 11 a lässt sich ihre spiralige Structur deutlicher erkennen. Vielleicht hat ein Alligator diesen Coprolithen von sich gelassen, nachdem er Theile eines schwächern Crocodils verspeist hatte.

Der äussere von vielen stark glänzenden, rhombischen, an einem Ende gekielten Schuppen bedeckte und auch im Innern viele solcher Schuppen, sowie Reste von Knochen und sogar einen aus drei Wirbeln bestehenden Theil eines Rückgrats beherbergende Coprolith, Fig. 12, ist ebenfalls spiralig gewunden. Die in ihm eingeschlossenen Wirbel habe ich in Fig. 12 a in natürlicher Grösse abgebildet.

Die Fig. 12 b stellt einen concav-convexen Wirbel von unten dar, 12 c giebt sein Bild von oben, 12 d von der rechten und 12 e von der vordern Seite (concav). Ich bin geneigt, den Rest für den einer Lacerte zu halten, besitze ausser diesem noch einige andere Theile des Körpers, welche ich bei einer andern Gelegenheit zu beschreiben gedenke.

Die Fig. 13 stellt einen Theil eines andern Coprolithen mit einem Stück der Rückensäule eines grossen Fisches in halber Grösse dar. Die biconcaven Wirbel liegen nur wenig verschoben neben einander. Diese beiden Coprolithen geben Zeugniss, dass die Messeler Crocodiliden auch noch Lurche und Fische zu ihrer Nahrung verwendet haben.

Noch eine vierte Art von Coprolithen ward häufiger als die drei andern gefunden, es sind ebenfalls spiralige Sphäroide wie Fig. 14. Ihre Grösse wechselt sehr, von 2 bis 12 cm. Länge und entsprechender Dicke (1 bis 5 cm.).

Von stets fast kreisrundem Querschnitte bestehen sie entweder aus bituminösem, schwarzem oder hellockergelben felsenartigen Substanzen, welchen feine verkohlte Pflanzenreste, seltener stark zerselzte blasige Knochenreste zugemengt sind. Sie brausen in Säuren, enthalten also kohlensauren Kalk.

Die meisten bekannten fossilen Crocodile haben glatte Zähne und unterscheiden sich schon dadurch von der von mir aufgestellten neuen Art Crocodilus Ebertal. Namentlich sind die folgenden glattzahnigen Arten: Crocodilus Hastingsiae Owen, C. toliapicus Owen, C. aeduicus Vaillant, C. Böttcaaensis H. v. Meyer, C. Becquereli Gray (= C. d'Auteuil Cuvier), C. Rollinati Gray (= C. d'Argenton Cuv.), C. Jonanettii Gray (= de Blaye Cuv.), durch diese Eigenschaft der Zähne von der neuen Art verschieden.

7 *

Das Enneodon Ungeri Prangner = Crocodilus Ungeri Fitzinger aus dem Steyermarker Miocän hat äusserst fein gestreifte päriemförmige Zähne, während die des C. Eberti stark gestreift erscheinen; das erstere unterscheidet sich hinreichend durch seine schmale gavialartige Schnauze und deren löffelförmigen Zwischenkiefer von der neuen Art. Nur noch eine Crocodilart mit gestreiften Zähnen, Crocodilus Champsoides Owen, aus dem London Clay bleibt zur Vergleichung übrig. Ihr schmaler und langer gavialartiger Kopf mit löffelförmigem Zwischenkiefer ist jedoch ein so auffallendes Merkmal, dass dessen vor erwähnt zu werden nöthig ist, um zu überzeugen, dass der breit- und kurzköpfige Crocodilus von Messel davon sehr verschieden ist. Von Crocodilus Dodunii Gray (C. des gravières de Castelnaudary Cuvier) ist nur ein Fragment vom Epistropheus bekannt, welches sich dem des Alligator Darwini in der Gestalt nähert, namentlich an der Vorderseite conscienartige Vorsprünge besitzt, aber auch von diesem durch die bedeutendere Masse seines abgerundeten Körpers und den Mangel des untern Kiels verschieden ist. Das Stirnbein aus dem Steinbrüchen vom Montmartre (Crocodilus Cuvieri Gray, C. des plâtrières Cuv.) ähnelt dem eines Alligator und unterscheidet sich genügend von dem des C. Eberti; die wenigen Reste von C. Blavieri Gray (= C. des lignites de Provence Cuv.) lassen keine Vergleichung zu.

Tafel I.

Alle Figuren sind in natürlicher Grösse gezeichnet und in den Braunkohlen von Messel gefunden worden, wo nicht ein anderes Grössenverhältniss und ein anderer Fundort besonders angegeben worden ist.

Alligator Darwini Ludwig.

Fig. 1, Fragment des rechten Oberkiefers. Seitenansicht.

» 2, Fragment des dazu gehörigen rechten Unterkiefers. Seitenansicht.

Crocodilus Ebertsi Ludwig.

Fig. 3, Vordertheil der Schnauze mit den Nasenlöchern von oben.

» 4, derselbe von unten.

» 5, derselbe von der linken Seite.

» 6, Unterkieferfragment mit einigen Zähnen. In der aufgebrochenen Alveole des einen Zahnes wird ein Ersatzzahn sichtbar.

» 7, Unterkieferfragment mit einem Zahne und Ersatzzahn.

» 8, einundeinhalbmalige Vergrösserung von vier Alveolen des Unterkiefers, den Verlauf der Gefässröhren darstellend.

» 9, gleiche Vergrösserung des Querschnitts eines Unterkieferastes mit den grossen und kleinen Gefässröhren.

» 10, gleiche Vergrösserung des etwas mehr nach hinten genommenen Querschnitts desselben Unterkieferastes.

» 11, erster Zahn aus dem vorderen Theile des Unterkiefers, a von der nach innen gekehrten Seite, b, von der Seite. c von aussen, d der darin steckende Ersatzzahn von der Seite, e von aussen, f, dessen einundeinhalbmal vergrösserter Querschnitt.

g. Zahn derselben Art, jedoch ohne die Wurzel aus dem Litorinellenkalk von Weisenau bei Mainz (Museum zu Wiesbaden).

h, ein gleicher Zahn von gleichem Fundorte (Museum zu Mainz).

Fig. 12 a. zweiter Zahn aus dem Unterkiefer von der Seite, a' von aussen, a" von innen.

b, zwölfter Zahn des Unterkiefers von Aussen, b' von der Seite, b" von innen.

c. dreizehnter Zahn desselben von innen, c' von der Seite, c" von aussen, c"' Längendurchschnitt.

Alligator Darwini Ludwig.

Fig. 13 a. Längsdurchschnitt des siebenten Zahns des Oberkiefers, a' Seitenansicht desselben, a" von innen.

b, Ersatzzahn desselben.

c, Ersatzzahn des vierten Unterkieferzahns.

d, zweiter Unterkieferzahn von vorn, d' von der Seite.

e, elfter Unterkieferzahn von innen, e' von der Seite, e" Ersatzzahn.

f, vierzehnter Unterkieferzahn von aussen.

f', zwölfter Unterkieferzahn von aussen.

f", einundeinhalbmalige Vergrösserung des Querschnitts.

Fig. 14. aus dem Litorinellenkalke von Weinheim bei Mainz.

Ein Ersatzzahn, 14 a ein anderer.

b und c, Zahnkronen, d Längendurchschnitt einer solchen.

e, f, g, Zahnkronen von grossen oder Reisszähnen.

h, eine ähnliche Zahnkrone, i' dieselbe von oben.

l, eine solche von der Seite, l' von unten.

n, eine andere daher.

b, Zahnkrone aus dem Braunkohlenthone von Boch im Westerwalde.

k und m, Zahnkronen aus den Braunkohlen von Gunternhain im Westerwalde.

Viele solcher Zahnkronen wie die in Fig. 14 abgebildeten werden im Museum zu Wiesbaden, im Museum zu Mainz und in Privatsammlungen aufbewahrt; ich brachte solche aus dem marinen Sande von Hosheim, aus den marinen Mergelthonen von Niederflörsheim; aus den Braunkohlen von Rot im Siebengebirge.

──────────────

Tafel II.

Alle Figuren sind, wo es nicht anders bemerkt ist, in natürlicher Grösse und nach Originalen aus den Braunkohlen von Messel gezeichnet.

Crocodilus Ebertei Ludwig.

Fig. 1. Stück eines Kopfes. Der Ober- und Hinterschädel zerbrochen und nach vorn und nach der linken Seite hin verschoben.

„ 2. Bruchstück eines andern Kopfes. Der Ober- und Unterkiefer von innen mit den Gefässgängen.

„ 3. Querschnitt des Oberkiefers zur Erläuterung der nach den Alveolen führenden Gefässgänge.

Alligator Darwini Ludwig.

Fig. 4. Fragment eines Kopfes mit Flügelbein, rechtem Unterkiefer, Nasenröhre, Choanen, Gaumenlöchern.

„ 5. Fragment, Maxillaris von unten.

„ 5a. dasselbe, Siebbein der Nasenhöhle von oben.

„ 6. linker Unterkieferast von innen.

„ 6a. derselbe von oben.

„ 7 und 7a. Fragment des Mastoideums, nach H. v. Meyer dem Crocodilus medius angehörend. Aus dem Littorinellenkalke von Weisenau (Museum zu Wiesbaden).

Tafel III.

Alle Figuren sind, wo es nicht anders bemerkt ist, in natürlicher Grösse und nach Originalen aus den Braunkohlen von Messel gezeichnet.

Crocodilus Ebertsi Ludwig.

Fig. 1, Hinterhauptbein von aussen, 1a dasselbe ohne Gelenkkopf.
" 2, dasselbe mit dem Gelenkkopfe von der linken Seite.
" 3, dasselbe von oben.
" 4, Fragment eines andern Gelenkkopfes (Gemkkre).
" 5, Nase. Vorderer Theil der Nasenröhre nach Hinwegnahme der mittleren Scheidewand. Vorn die Himden des intermaxillaris, das rechte Nasenloch, α Gefässgang nach der Seite, β obere Oeffnung nach dem Nasencanale. Die horizontale Scheidewand befindet sich darunter über der untern Oeffnung γ nach dem Nasencanale, δ die Verbindungsöffnung nach der Mundhöhle.
" 5a, die Rückseite des rechten Nasenloches.
" 5b, das Nasenloch von oben.
" 5c, äussere Seitenansicht des Oberkiefers mit ε, dem Ausschnitte (der Nische) für den vierten Zahn des Unterkiefers.
" 5d, linkes oberes Zahnbein (Maxillaria) von innen. Vorn die Nische ε für den vierten Unterkieferzahn, nach hinten die Gruben für die folgenden Zähne des Unterkiefers.
" 6, Abgeleiteter Längenschnitt des Oberschädels.
" 14, Fragment des rechten Unterkiefers mit einem Ersatzzahne und dem zehnten, elften und vierzehnten Zahn von oben. Aus dem Litorinellenkalke von Weisenau (Museum zu Wiesbaden).

Alligator Darwini Ludwig.

Fig. 7, die Hirnschaale von innen mit Andeutung der Gehirnwindungen.
" 8, der Atlas, a, b die Seiten des Bogens von vorn, c der Körper von vorn.
" 9, derselbe, a, b die Seiten des Bogens von hinten, c der Körper von hinten.
" 10, Atlas, die Seiten des Bogens, a, b von oben, c, d von unten.
" 11, " die Seiten des Bogens, a, b von aussen, c, d von innen.
" 12, " der Körper, a von unten, b von oben nebst zwei Rippen, c von der linken Seite.
" 13, der Epistropheus von der linken Seite, a von oben nebst zwei Rippen, b von unten, c von hinten, d von vorn.
" 15, Unterkiefer-Bruchstück eines sehr jungen Thieres (linke Seite) mit vier Alveolen von aussen, a von innen, b von oben, c vordere Ansicht und d hintere Ansicht, doppelt vergrössert und ergänzt. Aus dem Litorinellenkalke von Weisenau (Museum zu Wiesbaden).

Tafel IV.

Alle Figuren sind, wo es nicht anders bemerkt ist, in natürlicher Grösse und nach Originalen aus den Braunkohlen von Messel gezeichnet.

Crocodilus Ebertai Ludwig.

Fig. 1. Unterkiefer. Spitze, an welcher sich die beiden Aeste vereinen.

„ 2, dasselbe Stück von der linken Seite.

„ 3, Bruchstück von einem andern Kopfe, a a Flügelbeine, b b Querbeine, c Nasencanal mit den Choanen.

„ 4, Querbein in der Seitenansicht.

„ 5, Rechtsseitiger Gelenkkopf des Oberkiefers von der Seite, 5 a von oben.

„ 6, Gelenkpfanne des rechten Unterkiefers von oben.

„ 7, Hauptstirnbein von aussen. 7 a von innen.

„ 8, Wirbelkörper des Epistropheus von der linken Seite, a von unten, b von vorn, c von hinten.

„ 9, nach den Bruchstücken construirte Hälfte des Hinterkopfes von hinten gesehen.

Alligator Darwini Ludwig.

Fig. 10, Schädelstück-Parietalplatte (Os mastoideum, Os triangulare, Os basilare) von oben. Das Stück der Hirnschaale Taf. III, Fig. 7 von aussen.

„ 11, Schwanzwirbel von der Seite, 11 a das Vorderende von dessen Körper von unten, 11 b dessen Körper von vorn.

„ 12, Schwanzwirbel-Fragment von der Seite, 12 a von unten, 12 b von vorn, 12 c von hinten.

„ 13, Schwanzwirbelkörper von unten, 13 a von hinten.

„ 14, die Schnauze von der rechten Seite.

„ 15, der Zwischen- und Oberkiefer nebst dem Nasenloch von oben.

„ 15 a, Ansicht der Rückseite des Nasenloches.

„ 15 b, Längenschnitt der Nase.

„ 15 c, Verlauf der Gefässcanäle neben der Nase.

„ 16, hinteres Ende eines rechten Unterkieferastes mit dem Winkelbeine und der Gelenkpfanne für den Oberkiefer von aussen, a von oben.

„ 17, dazu gehöriger Gelenkkopf des Oberkiefers von aussen, a von hinten.

Tafel V.

Alle Figuren sind, wo es nicht anders bemerkt ist, in natürlicher Grösse und nach Originalen aus den Braunkohlen von Messel gezeichnet.

Alligator Darwini Ludwig.

Synon. Crocodilus Rathi H. v. Meyer.

Fig. 1, Vordertheil des rechten Unterkiefers von innen.

„ 1a, Vordertheil des rechten und linken Unterkiefers von unten, 1b von oben.

„ 2, rechte Hälfte des Zwischenkiefers mit Nasenloch von oben.

„ 3, ein anderes Bruchstück desselben Knochens von oben, 3a von unten.

„ 4, Fragment des Hintertheiles vom linken Oberkiefer von unten mit den Gruben für die Zähne des Unterkiefers; 4a ein anderes Fragment von innen, 4b dasselbe von aussen.

„ 5, Hauptstirnbein von aussen, 5a von innen, 5b von der rechten Seite.

Synon. Crocodilus medius H. v. Meyer.

Fig. 6, Fragment vom Vordertheile des linken Unterkiefers von innen, 6a von unten, 6b von oben.

„ 7, Fragment vom Hintertheile des rechten Oberkiefers von innen, 7a von unten, 7b von aussen.

„ 8, Bruchstück des Vordertheiles des rechten Unterkiefers von innen, 8a von oben.

„ 9, Fragment des rechten Jochbeins von aussen, 9a von innen (NB. die Zeichnung ist umzukehren).

„ 10, Hauptstirnbein von aussen, 10a von der rechten Seite, 10b von innen.

„ 11, Vordertheil des rechten Oberkiefers an den Zwischenkiefer anschliessend von aussen, 11a von unten, 11b von innen, 11c von vorn.

„ 12, Vordertheil des linken Schläfbeins von oben.

„ 13, Hinterende des rechten Schläfbeins von oben, 13a von der Seite.

Synon. Crocodilus Braehi H. v. Meyer.

Fig. 14, Vorderende des rechten Unterkiefers von innen, 14a von aussen.

„ 15, Fragment des linken Unterkiefers von aussen, 15a von oben.

„ 16, Fragment des Hauptstirnbeines von aussen, 16a linke Seite, 16b von innen.

„ 17, Bruchstück vom linken Jochbeine von aussen, 17a von innen, 17b von der Seite (die Zeichnungen sind umzukehren).

Synon. Crocodilus Braunjorum H. v. Meyer.

Fig. 18, Vorderende des linken Unterkiefers von innen, a von aussen, b von oben.

„ 19, Fragment des Hauptstirnbeines.

NB. Hierher ist auch das Unterkiefer-Bruchstück (Taf. II, Fig. 14), welches im Museum zu Wiesbaden aufbewahrt wird, zu stellen.

Alligator Darwini Ludwig.

Fig. 20, Fragment aus dem Vordertheile eines rechten Unterkiefers mit drei Alveolen, in deren mittelste die grössten bekannten Zahnkronen dieses Alligators passen.

Alle von 1 bis 20 bezeichneten Stücke wurden dem Litorinellenkalke von Weisenau entnommen und werden im Museum zu Mainz aufbewahrt.

Ferner: **Alligator Darwini** Ludwig.

Fig. 21, Fragmente des rechten Zahnbeines, Oberkiefers und Querbeines von innen, a von der Seite, b von aussen (Messel).

„ 22, dreimalige Vergrösserung eines Stückes der Alveole eines Oberkieferzahnes.

„ 23, zweimalige Vergrösserung der Alveolen des sechsten und siebenten Unterkieferzahnes.

Crocodilus Ebertsi Ludwig.

Fig. 24, Fragment aus dem hintern Theile des linken Unterkiefers von aussen.

Tafel VI.

Alle Figuren sind, wo es nicht anders bemerkt ist, in natürlicher Grösse und nach Originalen aus den Braunkohlen von Messel gezeichnet.

Alligator Darwini Ludwig.

Fig. 1, Fragment der Wirbelsäule, a fünfter Halswirbel, b erster Rückenwirbel, c, d Körper des zweiten und dritten Rückenwirbels von der linken Seite.

„ 2, fünfter Halswirbel (1a) von oben, 2a von unten, 2b von hinten, 2c von vorn.

„ 3, Halswirbel an den Epistropheus anschliessend (erster Halswirbel) von einem ältern Thiere von hinten, 3a von vorn, 3b von der rechten Seite, 3c von oben.

„ 4, Fragment des zweiten Halswirbels von vorn.

„ 5, Fragment des dritten Halswirbels von der linken Seite.

„ 6, Fragment des vierten Halswirbels von der rechten Seite.

„ 7, erster Rückenwirbel (Fig. 1b) von hinten, 7a von oben, 7b von vorn, 7c von unten.

„ 8, erster Rückenwirbel (Bruchstück) von der linken Seite, 8a von vorn.

„ 9, zweiter Rückenwirbel (Bruchstück) von demselben Thiere von der linken Seite, 9a von vorn.

„ 10, Bruchstück eines zweiten Rückenwirbels von einem etwas kleinern Thiere von der linken Seite, 10a von vorn.

„ 11, Körper des siebenten Rückenwirbels von der rechten Seite, 11a von vorn.

„ 12, dritter Lendenwirbel von einem jüngern Thiere von hinten (nur wenig beschädigt), 12a von vorn, 12d von oben im Zusammenhange mit 12c dem zweiten Lendenwirbel von oben und 12b dem Fragment des ersten Lendenwirbels von oben.

„ 13, Fragment des neunten Rückenwirbels von einem ausgewachsenen Thiere von hinten, 13a von der rechten Seite, 13b von oben. Aus dem Litorinellenkalke von Mombach bei Mainz (im Museum zu Wiesbaden).

„ 14, Fragment eines Lendenwirbels von der linken Seite (Messel).

„ 15, Schwanzwirbel-Fragment eines grossen Thieres von der rechten Seite, a von hinten, b von unten. Aus dem Litorinellenkalke von Mombach (im Museum zu Wiesbaden). In dem Knochengewebe dieses Stückes steckt die Brut von Litorinellen, woraus hervorgeht, dass dasselbe in schon zertrümmertem Zustande auf seine Lagerstätte gelangte; dasselbe lag zwischen dem zweiten und fünfzehnten Schwanzwirbel.

„ 16, Schwanzwirbel eines noch sehr jungen Thieres, welcher hinter dem fünfzehnten angeordnet war, von der linken Seite, a von vorn, b von hinten, c von unten. Aus dem Litorinellenkalke von Weisenau (im Museum zu Wiesbaden).

„ 17, Gelenkkopf des Hinterhauptbeines eines jungen Thieres von oben, a von der Seite, b von unten (Messel).

„ 18, Hautknochen vom Nackenpanzer von oben, a von unten, b von vorn, c von hinten. Bei a eine kurze Naht zur Verbindung der beiden Seitenstücke (Messel).

„ 19, unterer Gelenkkopf der rechtsseitigen Tibia von hinten, a von aussen, b von unten. Aus dem Litorinellenkalke von Mombach (im Museum zu Wiesbaden).

Tafel VII.

Alle Figuren sind, wenn es nicht anders bemerkt worden, in natürlicher Grösse und nach Originalen; aus den Braunkohlen von Messel gezeichnet.

Alligator Darwini Ludwig.

Fig. 1, Fragment vom ersten Wirbel des Heiligenbeines von hinten, 1a von vorn.

„ 2, die beiden Wirbel des Heiligenbeines (Fragmente) von einem andern Thiere.

„ 3, Fragment vom zweiten Wirbel des Heiligenbeines von unten, 3a von oben.

Crocodilus Ebertsi Ludwig.

Fig. 4, zweiter Rückenwirbel von hinten, 4a von vorn.

„ 5, Rückenwirbel, zweiter, dritter und vierter, von der Seite.

„ 6, siebenter Rückenwirbel von hinten, 6a von vorn, 6b von oben, 6c von der linken Seite.

„ 6d, ein Fragment von einem verkümmerten siebenten Rückenwirbel von der linken Seite, 6e von vorn.

„ 7, ein Stück der Wirbelsäule vom zweiten bis neunten Rückenwirbel von unten, Rippen, Schlüsselbein und Hautschuppen.

„ 8, dritter Halswirbel mit den V förmigen Rippen von hinten, 8a von vorn, 8b von der Seite ohne Rippe, 8c von unten mit Rippen, 8d ein anderer Halswirbel von einem jüngern Thiere mit einer Rippe von unten, 8e der Körper eines andern von unten, 8f derselbe von vorn, 8g ein anderer sehr schmaler Körper von unten.

Alligator Darwini Ludwig.

Fig. 9, ein Wirbelkörper vom Halse eines kleinen Thieres von unten, 9a dasselbe von oben mit den Suturen für die Bogenseiten.

„ 10, erster Schwanzwirbel von der linken Seite mit zwei Gelenkköpfen, 10a von vorn, 10b von hinten.

„ 11, zweiter Schwanzwirbel von der linken Seite, 11a von hinten, 11b von vorn, 11c von unten.

„ 12, Fragment eines ersten Schwanzwirbels von der linken Seite, 12a von hinten mit schwach entwickeltem Gelenkkopfe.

Tafel VIII.

Alle Figuren sind, wenn es nicht anders bemerkt worden, in natürlicher Grösse nach Originalen aus den Braunkohlen von Messel gezeichnet.

Crocodilus Ebertni Ludwig.

Fig. 1, das auf Taf. VII, in Fig. 7 abgebildete Stück der Wirbelsäule in ausgestreckter Lage.

" 2, der sechste Rückenwirbel von vorn, 2a von hinten, 2b von der Seite.

" 3, der achte Rückenwirbel von vorn, 3a von hinten, 3b von der Seite.

" 4, die horizontalen Fortsätze von der rechten Seite des sechsten und achten Rückenwirbels.

" 5, der zwölfte Rückenwirbel von vorn, 5a von hinten.

" 6, Fragment eines Lendenwirbels von hinten, 6a von vorn, 6b von unten.

" 7, Körper eines Schwanzwirbels von unten, a von oben, b von der Seite, c von hinten.

" 8, Körper des sechsten Schwanzwirbels von unten, 8a von oben.

" 9, Körper des zwölften Schwanzwirbels von der Seite, a von hinten, b von vorn.

" 10, zwei Schwanzwirbelkörper von oben gesehen.

" 11, ein Stück der Wirbelsäule aus der Mitte des Schwanzes von unten. Die Wirbel mit horizontalen Fortsätzen sind der dreizehnte bis sechszehnte, die ohne solche der siebenzehnte bis zwanzigste.

" 12, Körper des Epistropheus von einem jungen Thiere. Aus dem Litorinellenkalke von Weisenau (im Mainzer Museum).

NB. Ein dem in Fig 8 abgebildeten sehr ähnliches Stück (Körper eines Schwanzwirbels) aus dem Litorinellenkalke von Weisenau (im Museum zu Wiesbaden) zeichnet sich dadurch aus, dass alle Poren seines Knochens durch Vivianit ausgefüllt sind.

Tafel IX.

Alle Zeichnungen sind, wo dies nicht anders bemerkt ist, in natürlicher Grösse und nach Originalen aus den Braunkohlen von Messel angefertigt.

Alligator Darwini Ludwig.

Fig. 1, nach den einzelnen Stücken restaurirtes Becken von oben. Die Bogen der Wirbel des heiligen Beins sind entfernt.

„ 2, rechtes Hüftbein (Os Ilium) mit der Pfanne für den Oberschenkel von aussen; 2a von innen, 2b von unten mit einem Wirbel des heiligen Beins, 2c von hinten, darunter 2d das Schambein (Os pubis) von hinten.

„ 3, Gelenkkopf des linksseitigen Schlüsselbeins von aussen, a von oben.

„ 4, Gelenkkopf und Obertheil des Sitzbeins (Os ischium) von der innern Seite. 4a von hinten.

„ 5, Bruchstück des rechten Femur mit dem oberen Gelenkkopf von aussen, a von innen, b von vorn, 5c der Gelenkkopf von oben.

„ 6, drei untere Gelenkköpfe von Fusszehen.

„ 7, oberer Gelenkkopf der 4. Fusszehe, erstes Glied von der Seite, a von oben.

„ 8, „ „ des ersten Gliedes der ersten Zehe von der Seite, a von oben.

„ 9, „ „ des Radius von der Seite, a von oben.

„ 10, unterer Gelenkkopf der Fibula von der Seite, a von oben.

„ 11, Fragment des rechten Schulterblatts (Schaufel) von aussen, a von vorn, b von hinten, c dessen Gelenkkopf von unten, e von aussen, e von oben gesehen.

Crocodilus Ebertii Ludwig.

Fig. 12. linksseitiges Sitzbein (Os ischium), von der vordern Seite, a von aussen, b dessen Gelenkkopf von oben.

„ 13, rechtes Schambein von aussen, a von hinten, b von vorn, c von unten.

„ 14, linker Oberschenkel (Femur) von hinten, a von innen, b von aussen.

„ 15, linkes Wadenbein (Fibula) von hinten, a von innen, b von aussen. NB. Der obere Gelenkkopf ist abgebrochen.

„ 16, linkes Sprungbein (Astragalus), a von hinten, b von vorn, c von aussen, d von innen, e von unten, f von oben.

„ 17, linkes Fersenbein (Calcaneum), a von oben, b von der Seite, c von hinten, d von unten.

Tafel X.

Alle Abbildungen sind, wo dies nicht besonders angemerkt ist, in natürlicher Grösse, nach Originalen aus den Braunkohlen von Messel entworfen.

Alligator Darwini Ludwig.

Fig. 1, Fragment der linken Tibia mit dem obern Gelenkkopfe von aussen, a von innen, b von hinten, c von vorn, d von oben.

„ 2, Fragment einer linken Tibia mit dem untern Gelenkkopfe von aussen, a von innen, b von hinten, c von vorn, d von unten.

„ 3, unterer Gelenkkopf des rechten Femur von innen, a von aussen, b von hinten, c von vorn, d von unten.

„ 7, Bruchstück des linken Humerus mit dem obern Gelenkkopfe von der Seite, a von hinten.

„ 7 b, oberer Gelenkkopf des rechten Humerus von der Seite.

„ 8, unterer Gelenkkopf des Humerus von aussen, a von innen, mit der Knochenstructur im obern Theile.

„ 9, oberer Gelenkkopf des linken Ellnbogenbeins (Cubitus) von aussen.

Crocodilus Ebertzi Ludwig.

Fig. 4, rechtes Schulterblatt (Scapula) von aussen, a von innen, b von hinten, c von vorn, d von oben.

„ 5, linkes Schlüsselbein (Coracoideum) von innen, a von aussen, b von vorn, c von hinten, d von oben.

„ 6, rechter Oberarmknochen (Humerus) von innen, a von der Seite, b von aussen, c oberer, d unterer Gelenkkopf.

„ 10, das rechte Ellnbogenbein (Cubitus) von aussen, a von hinten, b von vorn, c von oben, d oberer, e unterer Gelenkkopf.

„ 11, die Speiche des rechten Armes (Radius) von aussen, a von hinten, c von vorn.
NB. Der obere Theil ist abgebrochen.

Tafel XI.

Alle Figuren sind, wenn nicht besonders anders bemerkt, in natürlicher Grösse nach Originalen aus den Braunkohlen von Messel gezeichnet.

Crocodilus Ebertsi Ludwig.

Fig. 1, erste linksseitige Rippe von innen, a von aussen, b von hinten, c von vorn, d von oben.
„ 2, zweite linksseitige Rippe von hinten, a von innen, b von vorn, c von aussen, d von oben.
„ 3, zweite rechtseitige Rippe von aussen.
„ 4, dritte linksseitige Rippe von vorn, a von innen, b von aussen, c von hinten.
„ 5, vierte linksseitige Rippe von hinten, a von innen, b von vorn, c von oben.
„ 6, fünfte linksseitige Rippe von innen, a von aussen.
„ 7, sechste linksseitige Rippe von innen.
„ 8, siebente linksseitige Rippe von innen.
„ 9, achte linksseitige Rippe von vorn, a von hinten, b von innen.
„ 10, elfte linksseitige Rippe von innen, a von vorn.
„ 11, unterer Gelenkkopf der dritten Rippe von innen, a oberer Querschnitt, b Gelenkkopf von unten, c von vorn, d von aussen.
„ 12, zwölfte linksseitige Rippe von aussen, a von hinten, b von innen.
„ 13, eine V-förmige Halsrippe von innen, a von hinten, b von vorn.
„ 14, eine andere, a von innen, b von oben, c von aussen, d von unten.
„ 15, Bruchstücke zweier Halsrippen von aussen.
„ 16, der untere horizontale Fortsatz einer Halsrippe von oben.
„ 17, linker Vorderfuss (Hand) von oben.

α Handwurzel am Radius, β Handwurzel am Cubitus, γ Pfeilerbein, δ erstes Glied des Daumens, ε erstes Glied des ersten, ζ erstes Glied des zweiten, η des dritten, ϑ des vierten Fingers. Das zweite Glied des Daumens fehlt. ε' zweites Glied des ersten, ζ' zweites Glied des zweiten, η' des dritten und ϑ' des vierten Fingers. ε", ζ", η" und ϑ" die dritten Glieder der vier Finger. γ die Kralle des Daumens, ζ''' und η''' Krallen des zweiten und dritten Fingers. Die Krallen des ersten und vierten Fingers fehlen.

„ 17a, die Handwurzel am Radius von aussen, α von innen, β von hinten, γ von vorn, δ die obere, ε die untere Gelenkfläche.
„ 17b, erstes Glied des ersten Fingers (nach dem Daumen) α von hinten, β oberer, γ unterer Gelenkkopf.
„ 17c, erstes Glied des dritten (vorletzten) Fingers von der Seite, β oberer, γ unterer Gelenkkopf.
„ 17d, zweites Glied des ersten Fingers, α von der Seite, β oberer, γ unterer Gelenkkopf.
„ 17e, das Pfeilerbein von der Seite.

Alligator Darwinii Ludwig.

Fig. 18, der grössere Theil des rechten Vorderfusses von oben (aussen).

„ 18a, dessen untere Ansicht (Sohle). — In beiden Figuren sind bezeichnet mit: α die Handwurzel des Radius, β die des Cubitus, γ das Pfeifenbein, δ erstes Daumenglied, ε erstes Glied des zweiten, ζ den zweiten und η des vierten (letzten) Fingers. Der dritte Finger fehlt. ε', ε'' und ε'' die beiden folgenden Glieder und die Kralle des ersten Fingers, ζ' das zweite Glied des zweiten Fingers. Die übrigen Theile der Hand fehlen.

„ 18b, die Handwurzel am Radius, α von der Seite, β unterer, γ oberer Gelenkkopf.

„ 19, Rippe am Epistropheus von der linken Seite des Halses, von innen, a von aussen, b von hinten, c Gelenkkopf.

„ 20, eine Yförmige Halsrippe von innen, b von aussen, die Spitze a ist nach vorn gekehrt.

————————————

Tafel XII.

Alle Abbildungen sind, wenn nicht anders bemerkt worden, in natürlicher Grösse nach Originalen aus den Braunkohlen von Messel entworfen.

Crocodilus Ebertsi Ludwig.

Fig. 1, rechtes Hüftbein von innen, a von aussen, b von unten.

„ 2, Zusammenliegend mit dem Hüftbeine fand sich das Hinterbein nebst dem Fusse. Diese Theile gehörten dem Thiere an, von welchem Taf. II. Fig. 1 der Kopf, Taf. VII. Fig. 7 ein Theil der Wirbelsäule, Taf. VIII. das Sitzbein und der Oberschenkel, Taf. IX. das Schulterblatt, das Schlüsselbein und der Oberarm, auf Taf. X. die Rippen und ein Vorderfuss abgebildet worden sind.

„ 3, das rechte Schienbein (Tibia) von aussen, a von innen, b von vorn, c von hinten, d Fläche des obern, e Fläche des untern Gelenkkopfs.

„ 4, der rechte Fuss von oben.

    a. c. n. drei Glieder der ersten Zehe.

    b. f. l. o. vier Glieder der zweiten Zehe.

    c. g. k. m. p. fünf Glieder der dritten Zehe.

    d. h. b. drei Glieder der vierten Zehe, deren Klaue fehlt.

„ 5, erstes Glied der ersten Zehe, a von der Sohle, b von der rechten, c von der linken Seite.

„ 6, „ „ „ dritten „ a „ „ „ b „ „ „ c „ „ „ „

„ 7, zweites Glied der dritten Zehe, a „ „ „ b „ „ „ c „ „ „ „

„ 8, drittes „ „ „ „ „ a „ „ „ b „ „ „ c „ „ „ „

„ 9, viertes „ „ „ „ „ a „ „ „ b „ „ „ c „ „ „ „

„ 10, erstes Glied der zweiten Zehe, a „ „ „ b von der linken, c von der rechten Seite.

„ 11, Fragment des Würfelbeins von oben, a von unten.

„ 12, das Brustbein von oben, a von der Seite.

„ 13, Seitenknochen am Becken.

„ 14, dünne vom Becken nach oben gerichtete Rippen.

„ 15, Bruchstück eines Knochens, vielleicht vom Becken des Alligator Darwini (Fig. 13 entsprechend), von oben, von unten und von der Seite.

„ 16, die sechste oder siebente Rippe eines jungen Thieres von unten, a von hinten, b von oben, c von vorn.

„ 17, wahrscheinlich der letzte Schwanzwirbel, Seitenansicht, a von oben, b von der rechten Seite, c von unten, d von vorn, e von hinten.

„ 18, innerer Bau der Röhrenknochen. Längendurchschnitt, a und b Querdurchschnitte über den Gelenken, wo die Knochenstäbchen beginnen.

„ 19, innerer Bau der Wirbelkörper, a horizontal geschnittener Halswirbel, b Horizontalschnitt eines Rückenwirbels,

    c vertikaler Querschnitt eines Halswirbels,

    d vertikaler Querschnitt eines Rückenwirbels, ein- und einhalbmal vergrössert,

    e vertikaler Längenschnitt eines Rückenwirbels.

Tafel XIII.

Alle Abbildungen sind, wenn nicht andern bemerkt, in natürlicher Grösse nach Originalen aus den Braunkohlen von Memel entworfen.

Affigster Darwini Ludwig.

Fig. 1, Hautknochen von der rechten Seite des Rückens von aussen, a Querdurchschnitt, b. Seitennath.

„ 2, solcher von der linken Seite des Rückens von aussen, a innere Fläche.

„ 3, solcher von der rechten Seite des Rückens von aussen.

„ 4, solcher von der linken Seite des Rückens von aussen, a Seitennath, b Querschnitt.

„ 5, Hautknochen vom Cervicalschilde von aussen, a Querschnitt, b Nath, c Innenseite.

„ 6, Hautknochen vom Cervicalschilde von aussen, a Querschnitt.

„ 7, schmaler Hautknochen vom Ventralpanzer von aussen, a Seitennath, b hintere Nath.

„ 8, breiter dazu gehöriger Hautknochen vom Ventralpanzer von aussen, a Seitennath, b Innenfläche.

„ 9, breites Stück eines Hautknochens vom hintern Theile des Bauchpanzers von aussen, b von innen. Es liegen zwei symmetrische Stücke darauf neben einander.

„ 10, breites Stück Hautknochen vom hintern Theile des Bauchpanzers von aussen, a von innen.

„ 11, breites Stück eines Hautknochens vom vordern Theile des Ventralpanzers von aussen, a von innen.

„ 12, Hautknochen von der äussern Seite des Oberschenkels von aussen.

„ 13, }

„ 14, }

„ 15, } Hautknochen von den äussern Seiten der Oberarme und Oberschenkel von aussen.

„ 16, }

„ 17, Hautknochen vom Knie (Kniescheibe) von aussen, a von innen, b Querschnitt.

„ 18, Kniescheibe eines etwas ältern Thieres von aussen, a von innen, b Querschnitt, c von der Seite.

„ 19, Hautknochen vom Ellenbogengelenk von aussen, a Querschnitt, b, c von den beiden Seiten, e von innen.

„ 20, Hautknochenbruchstück vom Rande des Cervicalschilds zweimal vergrössert von aussen, a Querschnitt.

„ 21, Hautknochengruppe vom Schwanze, von aussen, a, b einzelne Knochen daher.

„ 22, Hautknochengruppe vom Panzer des Halses von der innern Seite.

„ 23, eine solche Gruppe von aussen.

„ 24, }

„ 25, } Hautknochen von der äussern Fläche des Unterschenkels von aussen.

„ 26 a, b, c, d, kleine Hautknochen, theils von der innern Seite der Schenkel, theils zum Ausfüllen von kleinen Oeffnungen im Ventralpanzer.

„ 27, Hautknochen, innere Fläche }

„ 28, dessen äussere Fläche } Bestandtheile des Panzers am Halse.

„ 29, }

„ 30, } einzelne Hautknochen aus dem mosaikartigen Panzer des Halses von aussen.

„ 31, }

Tafel XIV.

Alle Abbildungen, bei welchen dies nicht anders bemerkt ist, sind in halber natürlicher Grösse nach Originalen aus dem Braunkohlen von Messel entworfen.

Crocodilus Ebertsi Ludwig.

Fig. 1. Bruchstück von Hals und Brust eines Thieres mit Wirbel, Rippen und Hautknochen vom Cervicalpanzer.
„ 2. Bruchstück des Dorsalpanzers mit zwei Reihen Hautknochen, von innen.
„ 3. Bruchstück des Ventralpanzers mit drei Reihen Hautknochen.
„ 4. Bruchstück eines Thieres, welches getödtet und zerbissen in den Schlamm eingelagert ward.
  (a a Wirbelkörper vom Rücken und von den Lenden, auseinander gerissen, f f a Hirn, y y Stücke von den zerbrochenen Oberschenkeln, d d Stücke von den Schambeinen, s Fragmente des Becken-ringbeins und der kleinen Rippen. ζ ζ Hautknochen vom Ventralschild, η η solche vom Dorsalschilde, ϑ ϑ wulstige aus Sand und Pyrit bestehende Körper, wahrscheinlich der Inhalt des Gehirnes, ι Mageninhalt aus allerlei Geschiebe von Quarz und Granit bestehend.
„ 5. Bruchstück eines andern Thiers mit zerbissenem Oberschenkelknochen, mit Hautknochen vom Dorsal-und Ventralpanzer; Wirbeln und Rippen.

Alligator Darwini Ludwig.

Fig. 6. Hautknochen vom Ventralpanzer in 5 Reihen, von aussen.
„ 7. solche daher in 5 Reihen von innen, nebst einem herabgerutschten Hautknochen vom Rücken (a).
„ 8. zwei Reihen Hautknochen vom Dorsalpanzer von aussen.
„ 9. Fragment eines Hautknochens vom Oberschenkel in natürlicher Grösse von oben, a Seitenansicht aus dem Litorinellenkalk von Mombach. (Museum zu Wiesbaden).
„ 10. Fragment eines andern Hautknochens derart in natürlicher Grösse von oben, a Querprofil vom dem-selben Fundorte (Museum zu Wiesbaden).
„ 10b, ein solcher Hautknochen von Weisenau im Museum zu Mainz, natürliche Grösse. 10c Seitenansicht.
„ 11. Coprolith aus Haut- und andern Knochen von Crocodilen bestehend, halbe natürliche Grösse. 11a dessen Querschnitt.
„ 12. Coprolith aus Resten einer Lacerte bestehend. 12a ein Stück einer Wirbelsäule daraus in natür-licher Grösse, 12b einzelner concav-convexer Wirbel daraus von unten, c von oben, d von der rechten Seite, e von vorn.
„ 13. Coprolith mit Fischresten, (concav-concave Wirbelsäule), halbe natürliche Grösse.
„ 14. Coprolith aus einer von Pflanzenresten durchsetzten, selten Thierknochen enthaltenden, feinerdigen, kohlensauren Kalk haltigen Substanz bestehend.

Tafel IV.

Fig. 1. **Alligator Darwini** Ludwig. Restauration des Kopfes, Halses und eines Stückes vom Rücken, in der Hälfte der natürlichen Grösse, um die Gestalt und Lage des Nuchal- und Cervicalschildes in der Mosaik des Halspanzers zu zeigen.

„ 2. **Crocodilus Ebertsi** Ludwig. Restauration des Kopfes, Halses und Rückens, in halber natürlicher Grösse, um die Gestalt und Lage des Nuchal- und des Cervicalschildes in dem mosaikartigen Halspanzer zu zeigen.

„ 3. Ein Stück des Panzers in der Kehle, halbe natürliche Grösse, die Hautknochen von innen, aus den Braunkohlen von Messel.

Tafel XVI.

1. **Alligator Darwini Ludwig.** Ein aus den einzelnen Knochen construirtes Skelet von der linken Seite gesehen, in ein Sechstheil der natürlichen Grösse.

2. **Crocodilus Ebertsi Ludwig.** Ein von der linken Seite gesehenen Skelet, in ein Sechstheil der natürlichen Grösse.

——— —— ·   —— · ——

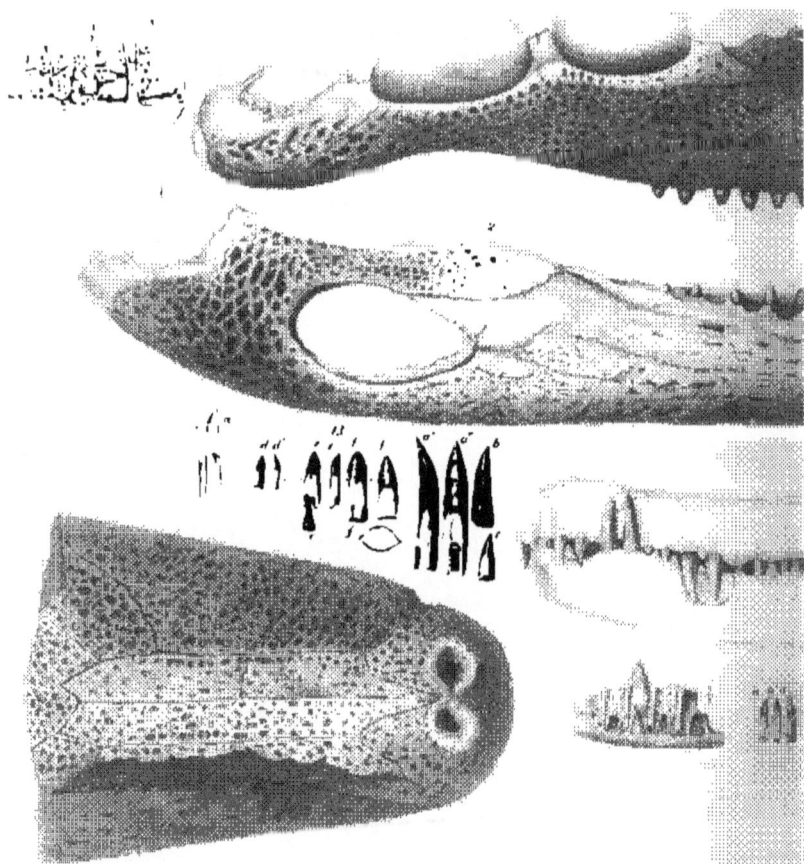

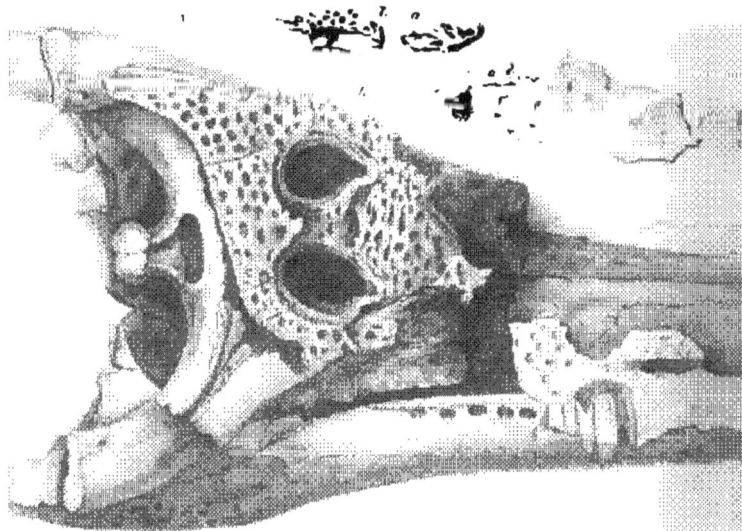

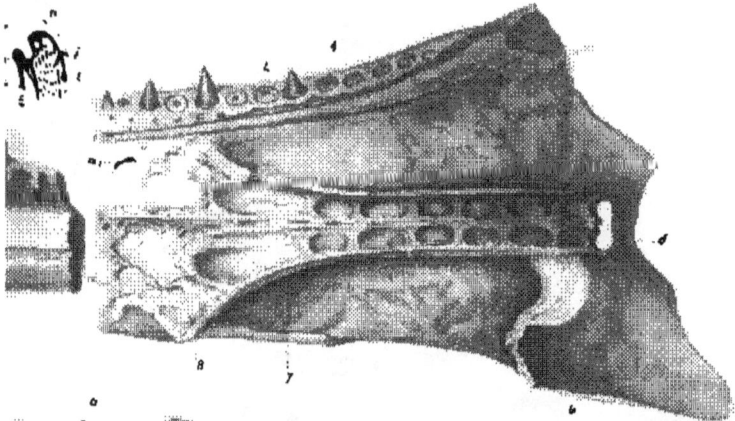

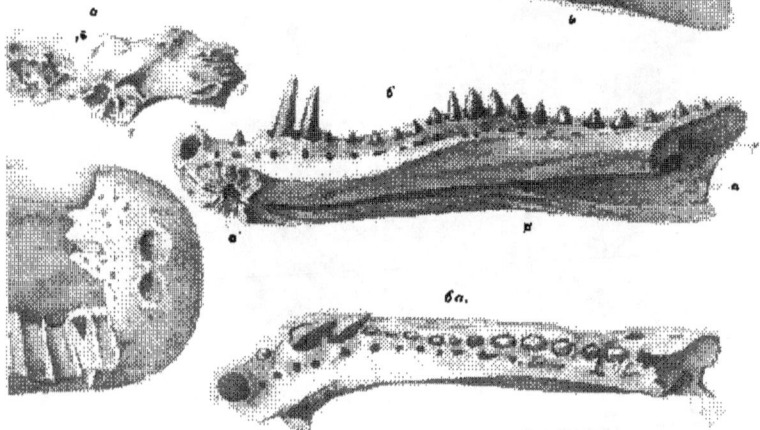

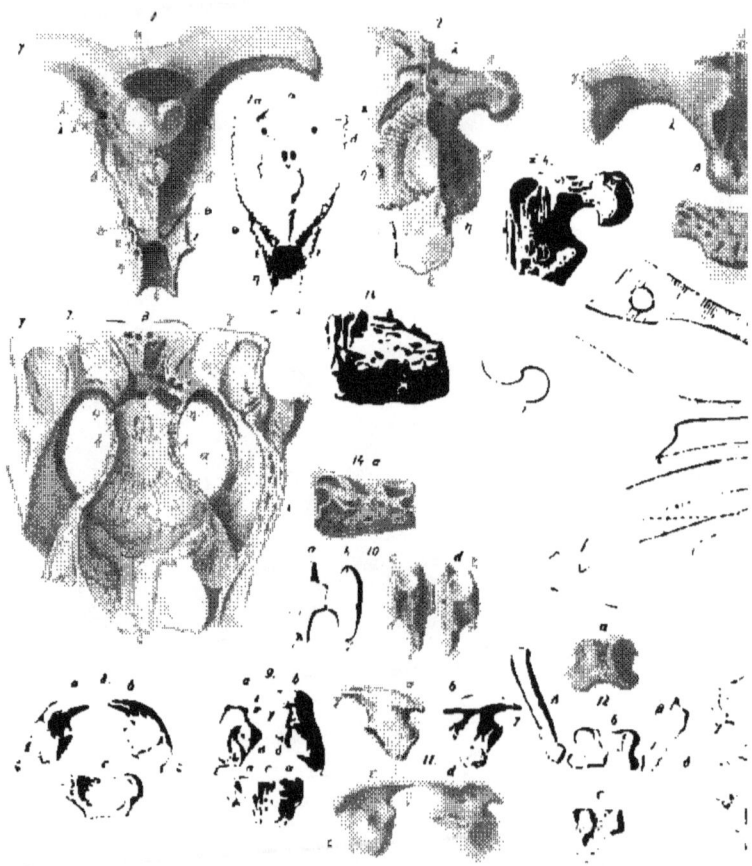

1—6. und 14. Crocodilus Ebertsi Ludwig.

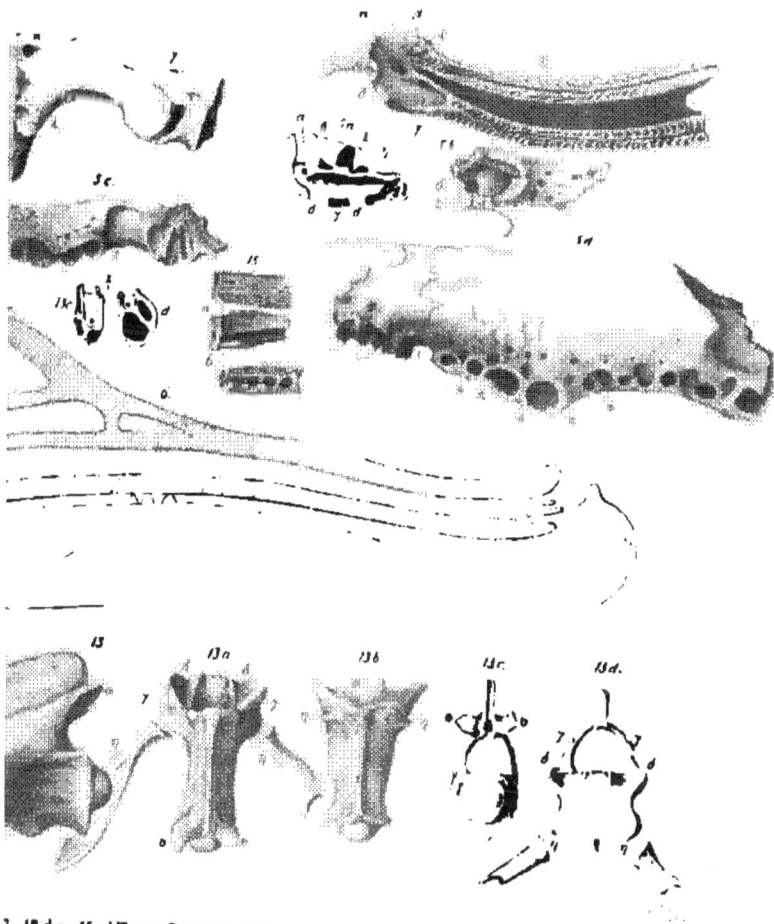

7—18. d. u. 16. Alligator Darwini Ludwig.

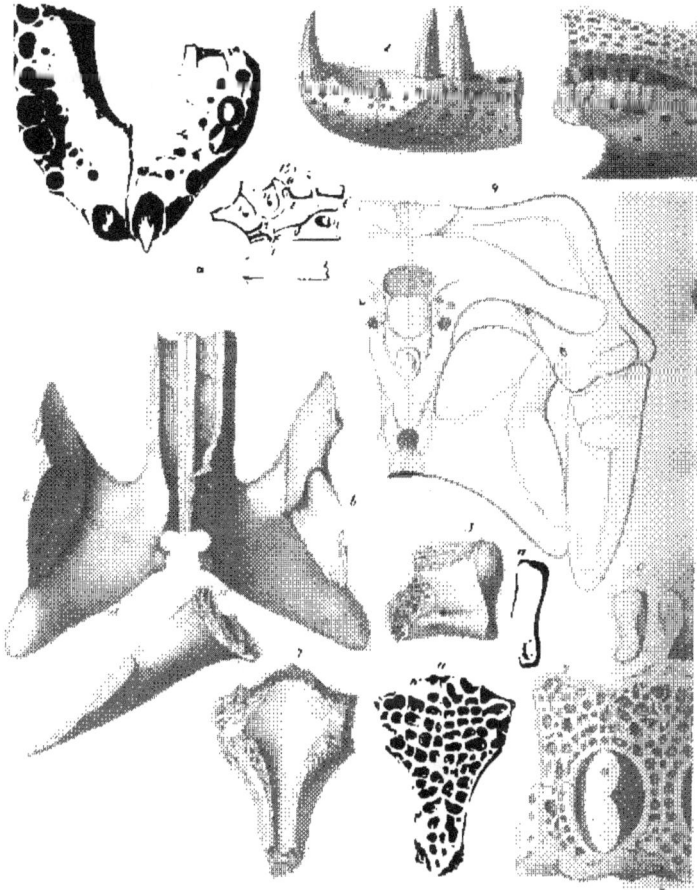

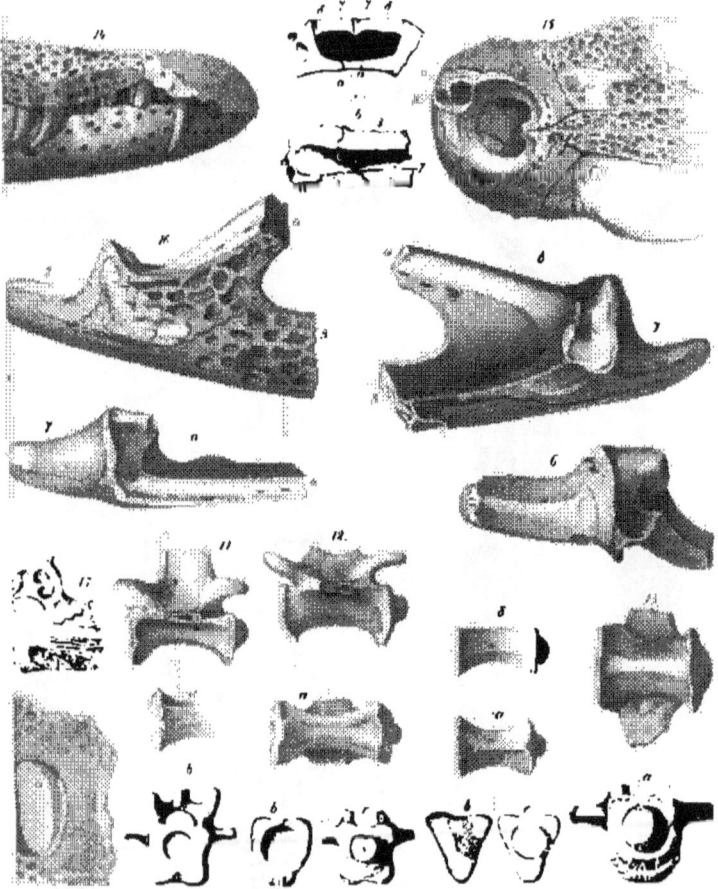

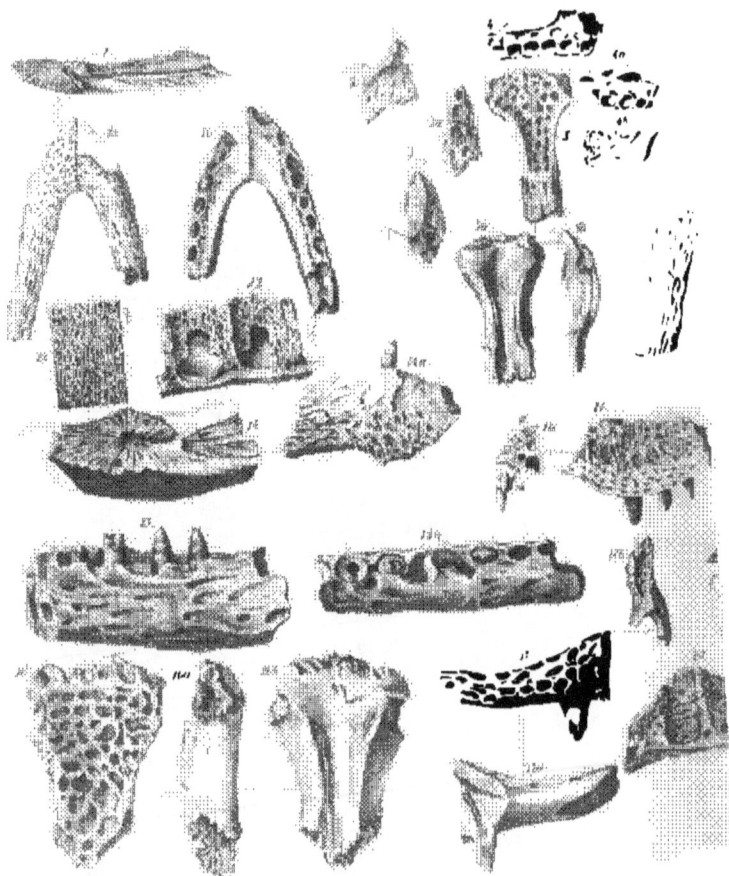

1—23. Alligator Darwini Ludwig. — 24

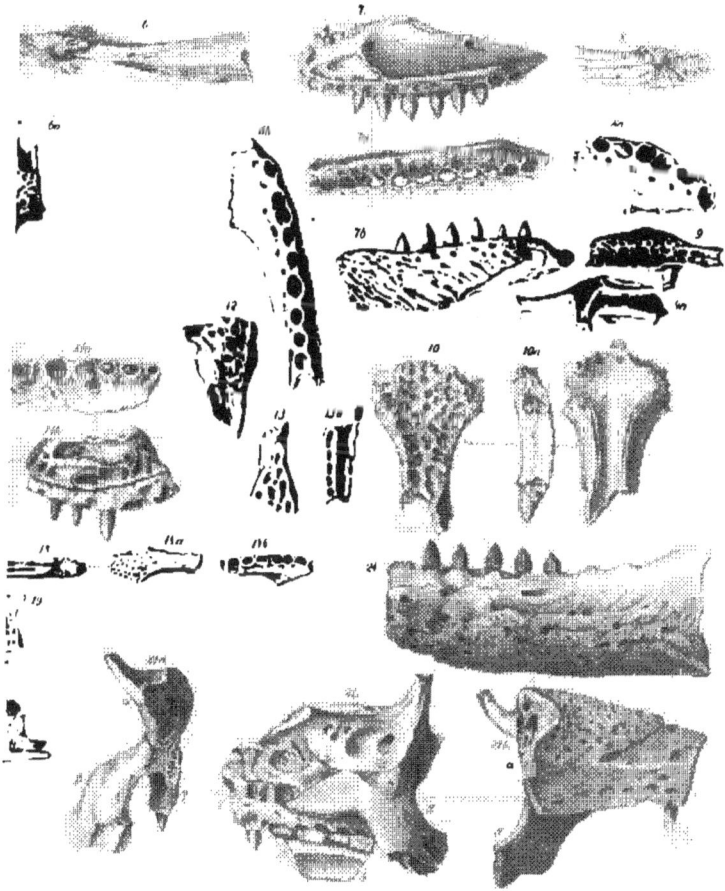

Crocodilus Ebertei Ludwig.

nU

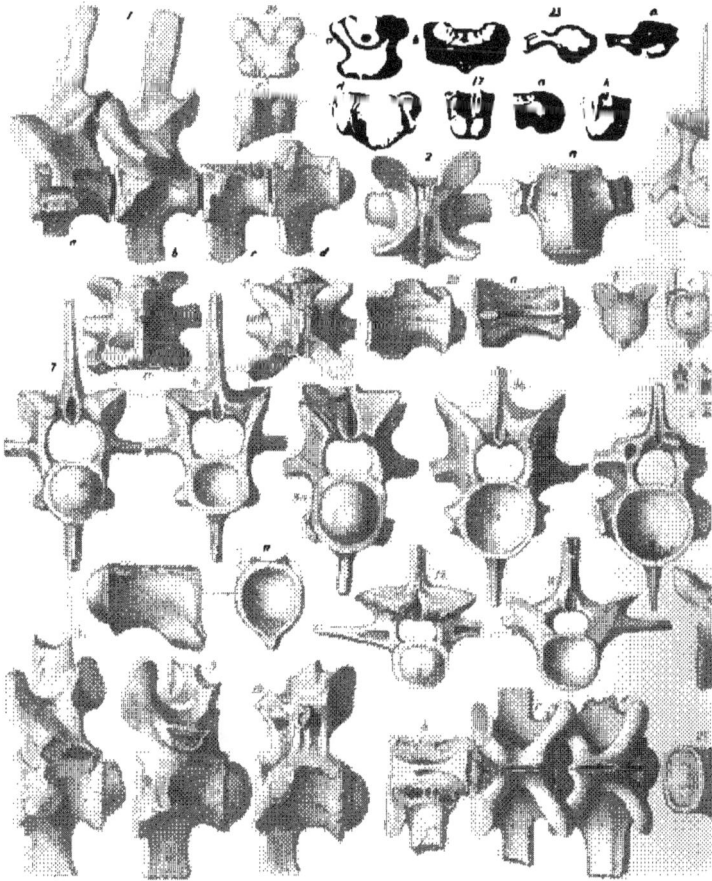

1—23. Alligator Darwini Ludwig. —

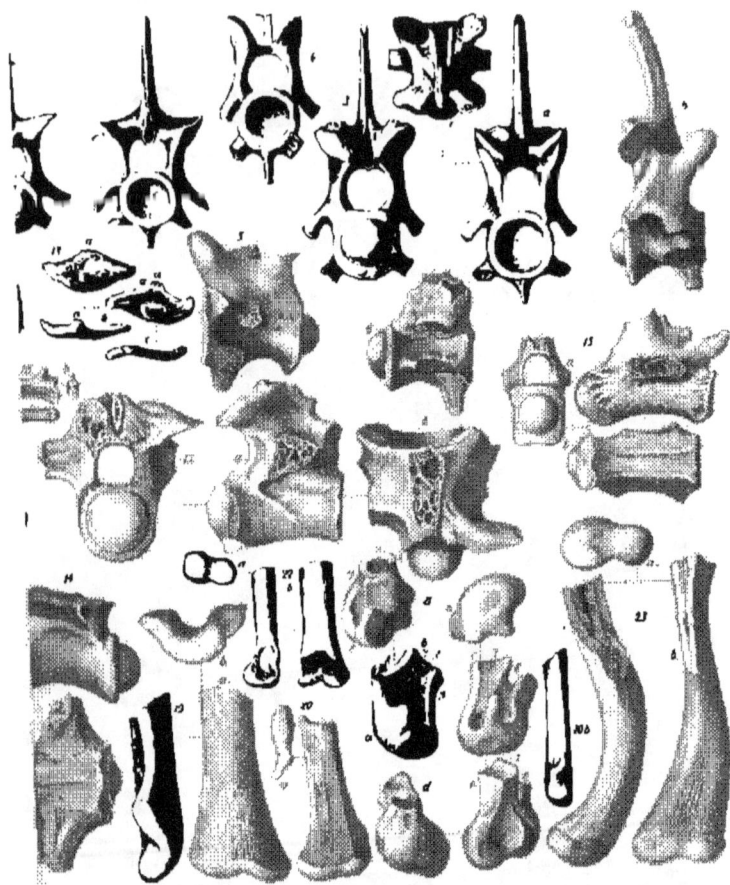

14—17. Crocodilus Ebertsi Ludwig.

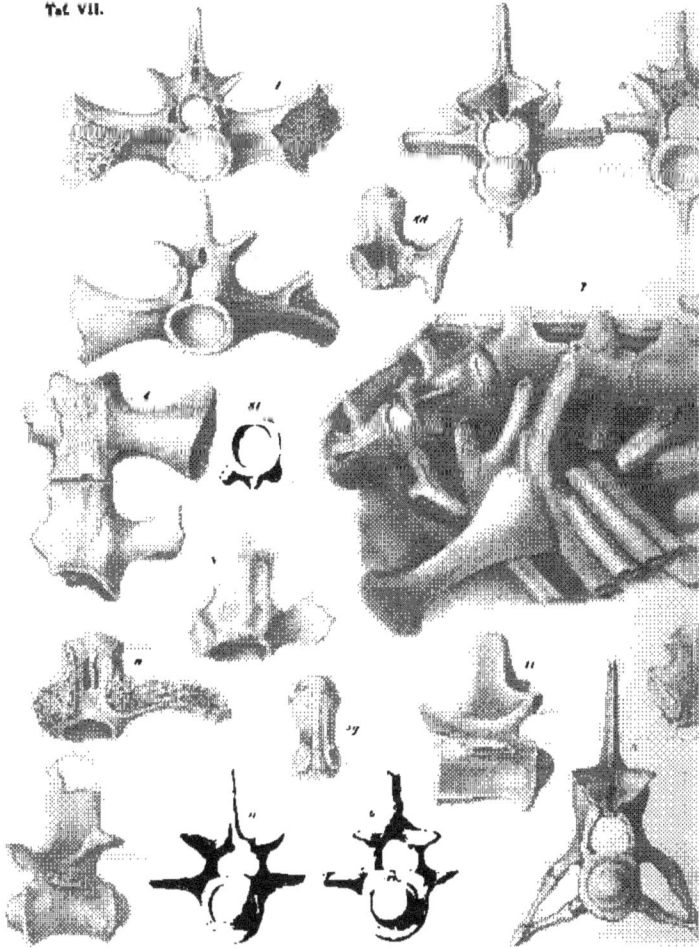

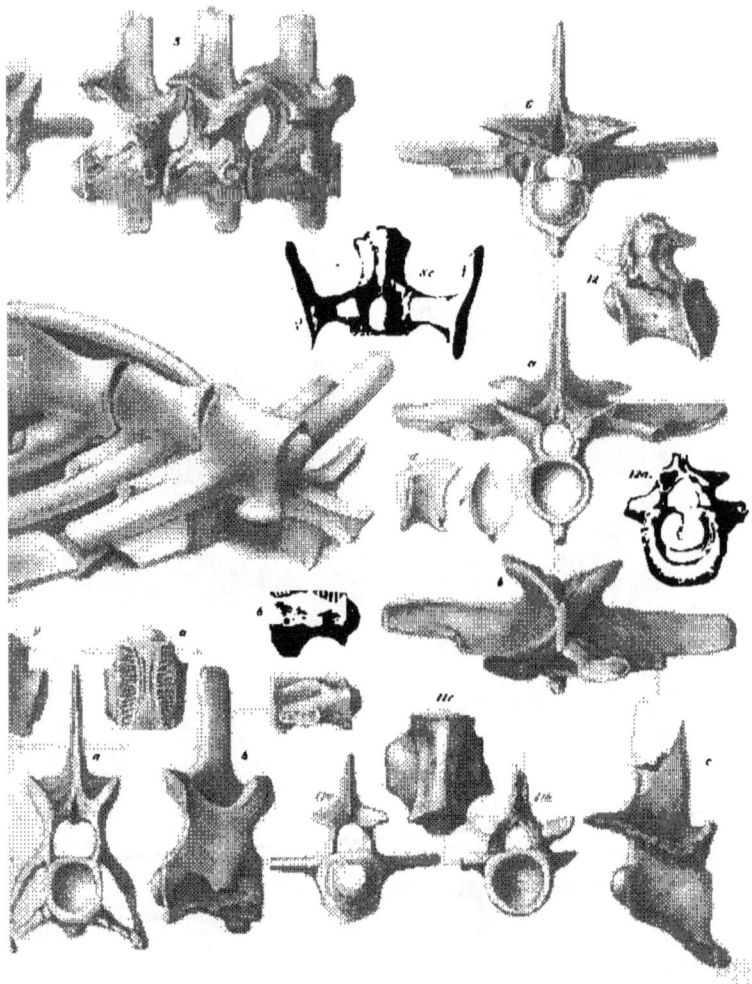

Fig. 4—8. Crocodilus Ebertsi Ludwig.

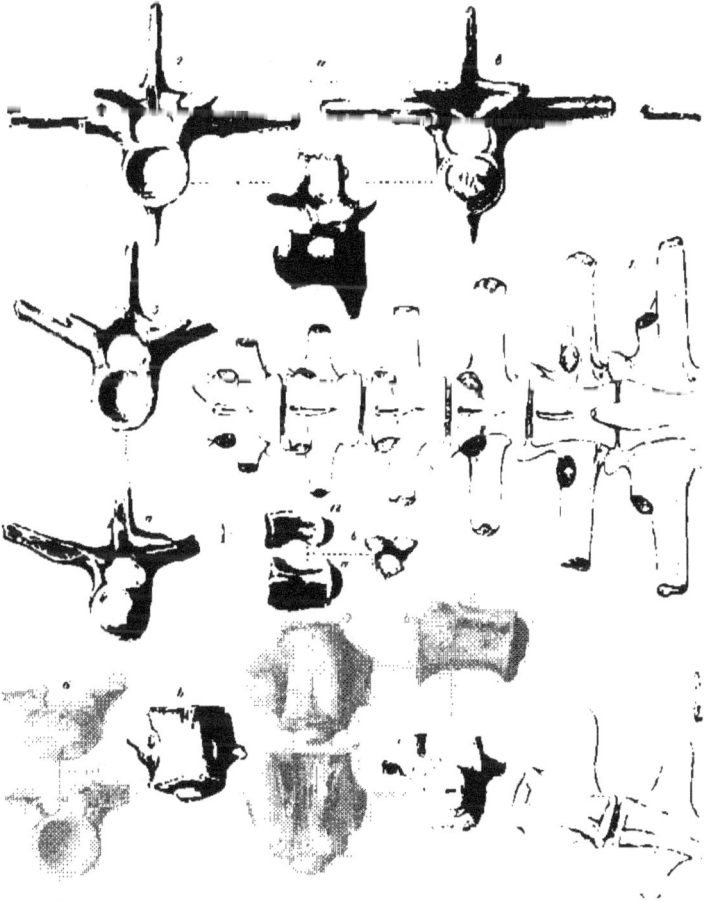

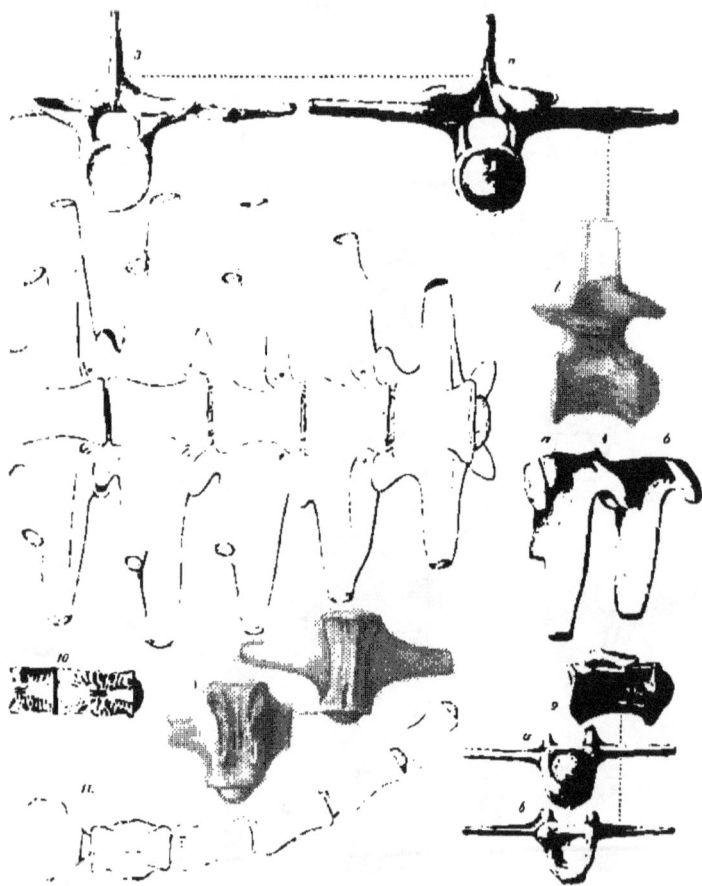

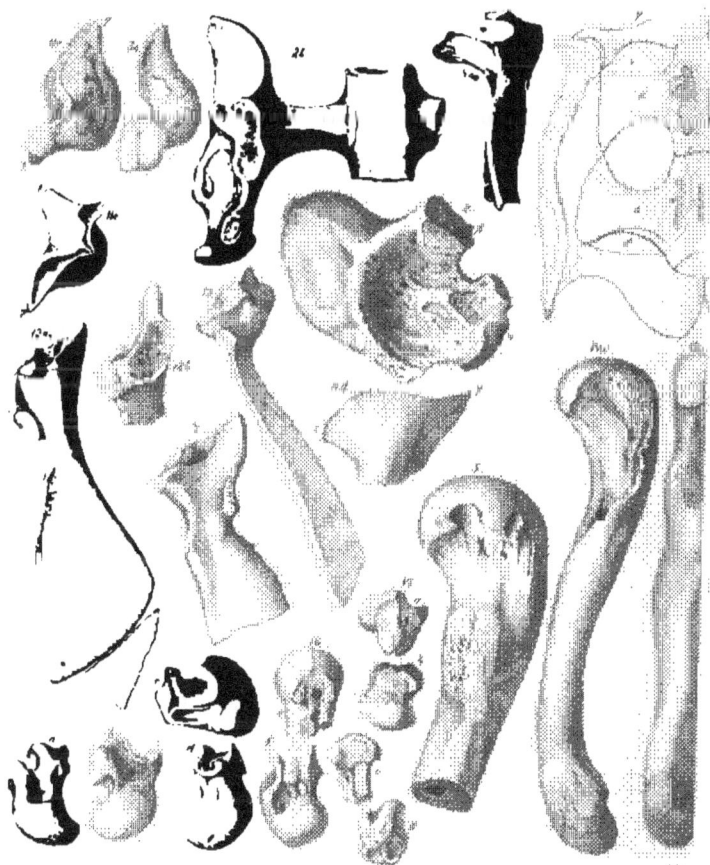

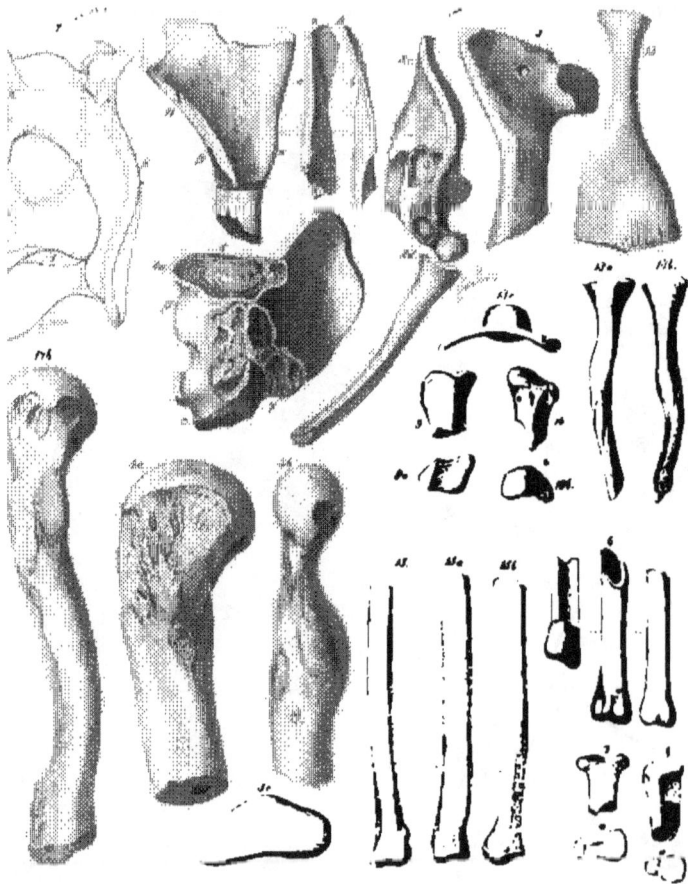

7. Crocodilus Ebertal Ludwig.

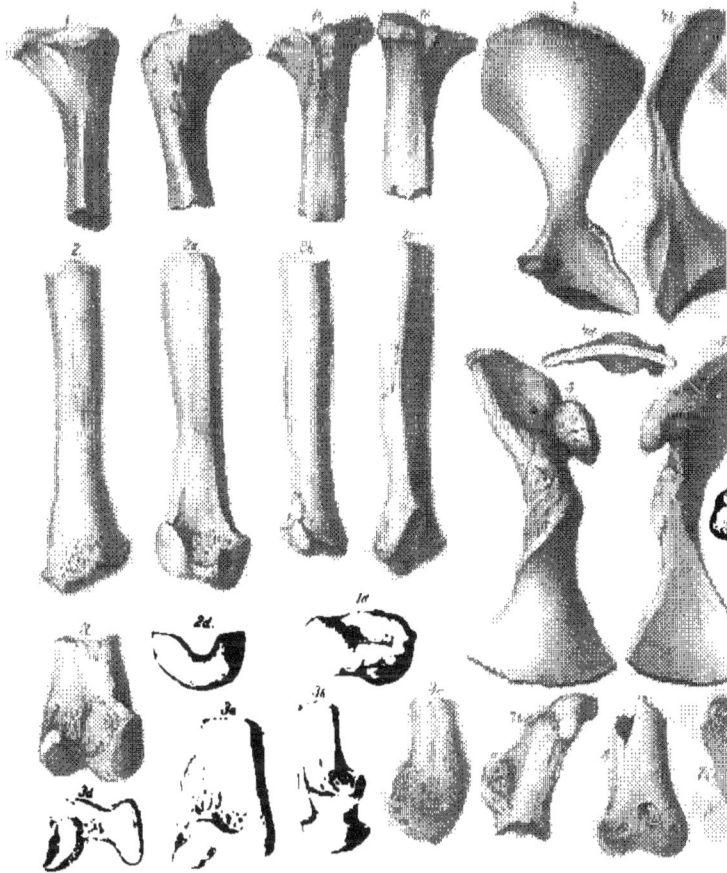

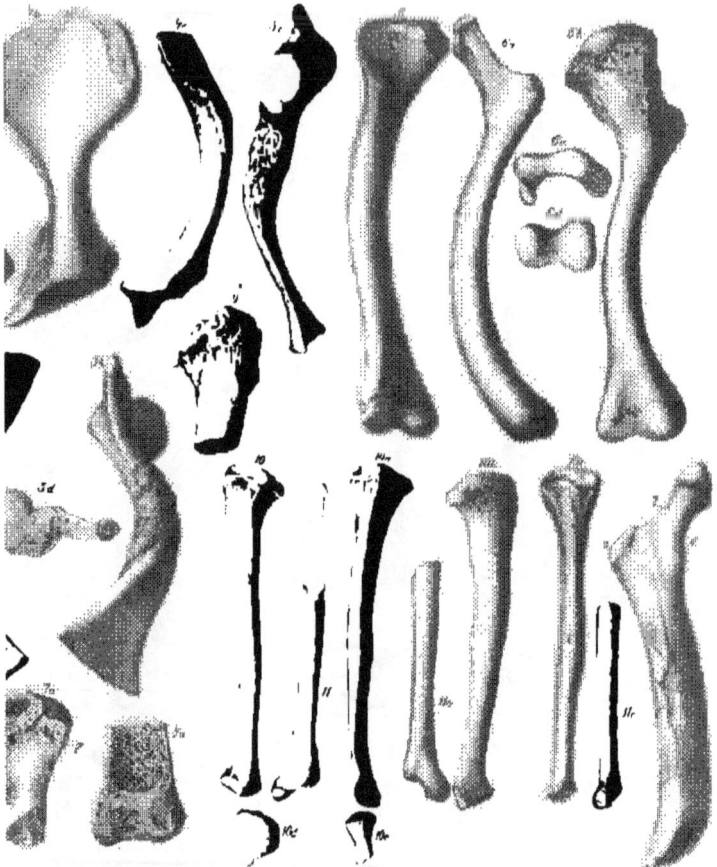

, 3, 7, 8 und 9. Alligator Darwini Ludwig.

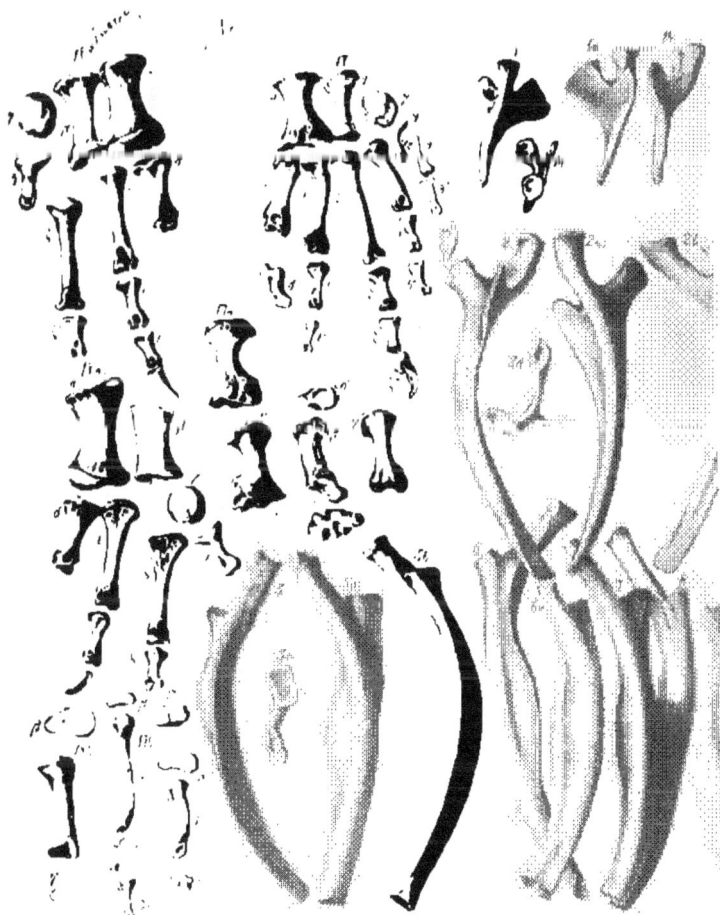

1 bis 17. Crocodilus Eberxii Lasberg.

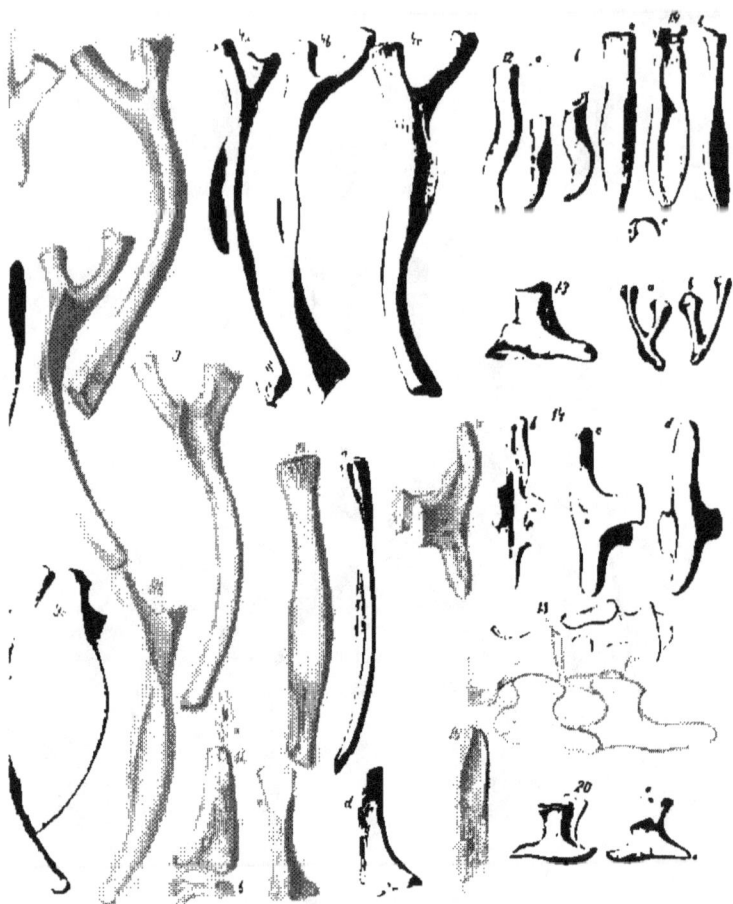

1 bis 20. Alligator Darwini Ludwig.

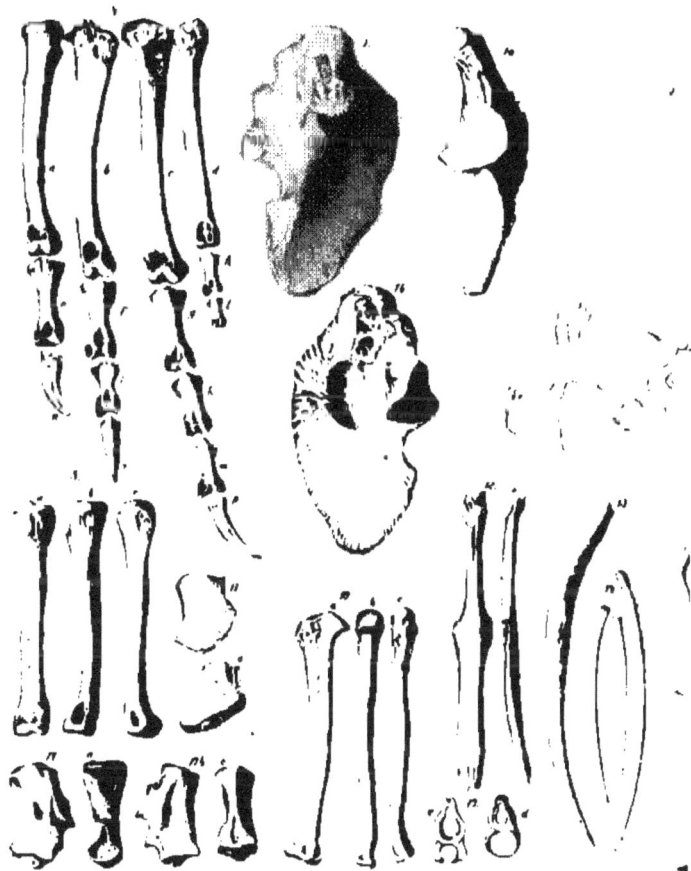

Crocodilus Elbe

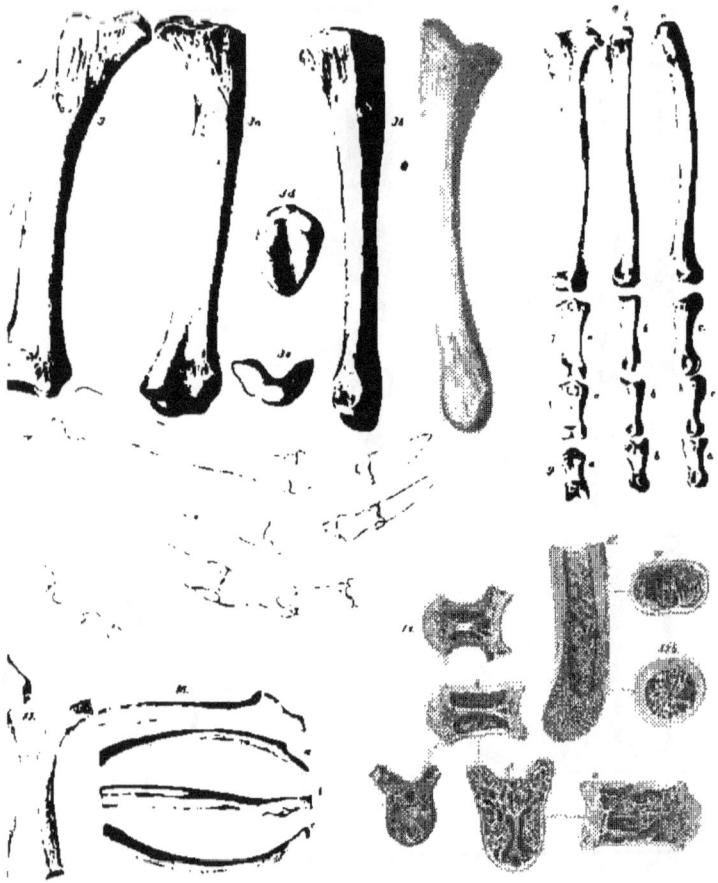

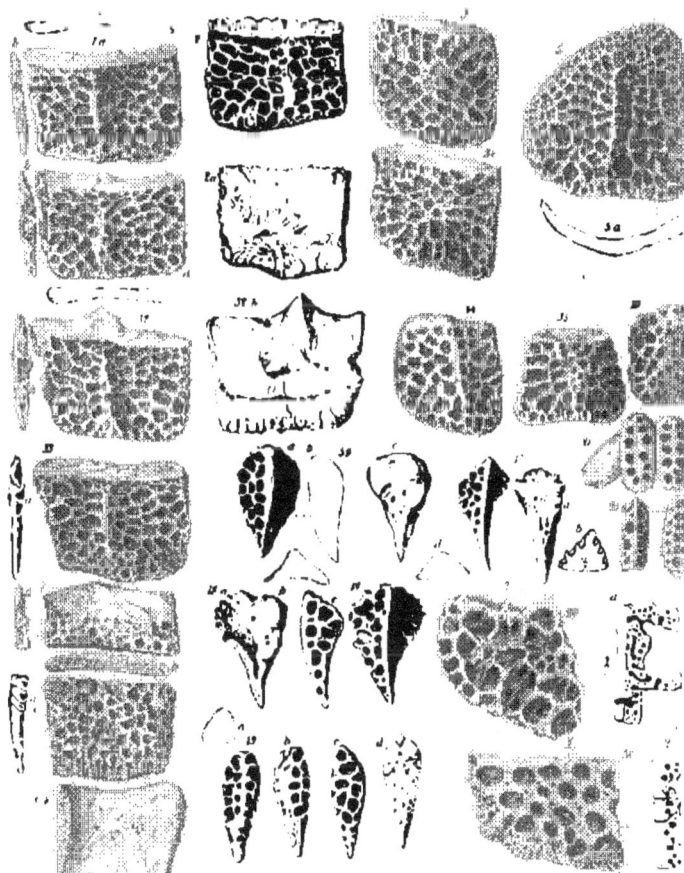

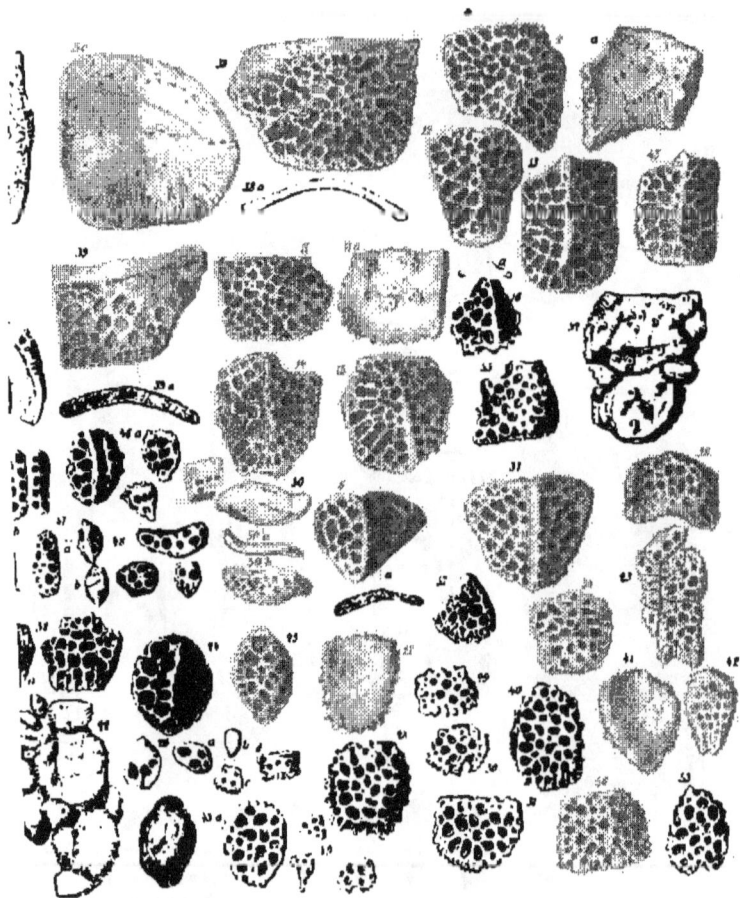

59 Crocodilus Ebertsi Ludwig

1 bis 5. Crocodilus Ebereti Ludwig. — 6 bis 10. Alli

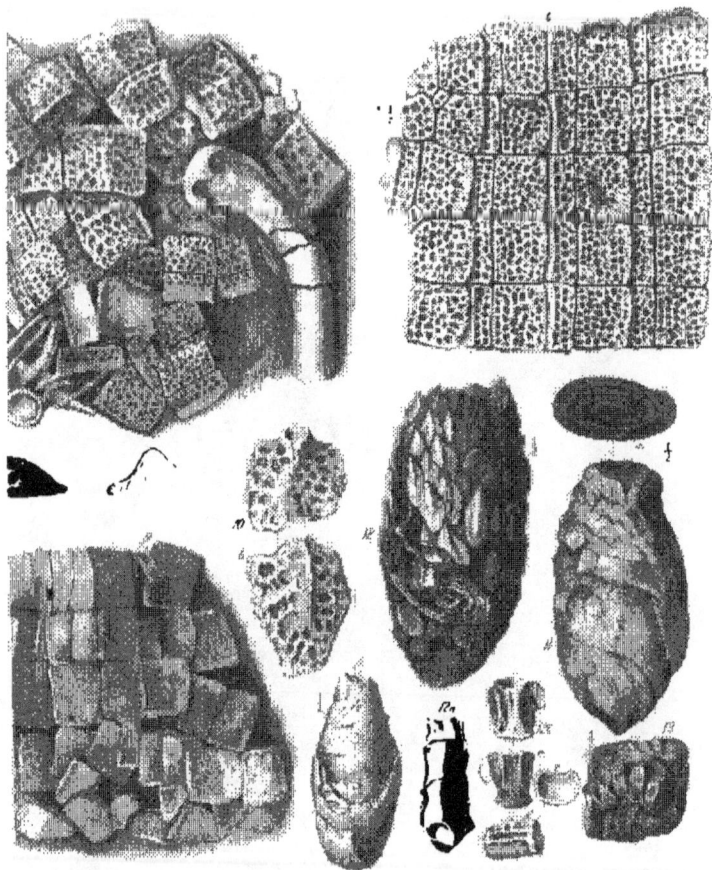